数字时代儿童产品设计

DESIGN FOR KIDS
Digital Products for Playing and Learning

[美] Debra Levin Gelman 　著

倪裕伟 　译

U0278539

华中科技大学出版社
中国 · 武汉

图书在版编目(CIP)数据

数字时代儿童产品设计 / (美) 黛布拉·莱文·格尔曼 (Debra Levin Gelman) 著；倪裕伟
译. -- 武汉 :华中科技大学出版社, 2017.10
  ISBN 978-7-5680-3392-3

Ⅰ.①数… Ⅱ.①黛… ②倪… Ⅲ.①儿童 – 产品设计 – 计算机辅助设计 Ⅳ.①TB472

中国版本图书馆CIP数据核字(2017)第234829号

湖北省版权局著作权合同登记 图字:17-2017-318号

数字时代儿童产品设计
Shuzi Shidai Ertong Chanpin Sheji

作   者 (美）Debra Levin Gelman
译   者 倪裕伟

策划编辑 林 航
责任编辑 徐定翔
责任监印 周治超

出版发行 华中科技大学出版社（中国·武汉）   电话：027-81321913
          东湖新技术开发区华工科技园   邮编：430223
录   排 武汉东橙品牌策划设计有限公司
印   刷 武汉市金港彩印有限公司
开   本 880mm x 1230mm 1/32
印   张 9.5
字   数 168千字
版   次 2017年10月第1版第1次印刷
定   价 72.80元

谨以此书献给Samantha，

没有她，此书不可能如此精练，内容质量也会大打折扣。

也献给Josh，没有他，就没有这本书。

阅读指南

本书适合谁

如果你对儿童数字化产品设计感兴趣，不管是创建一个网站、设计一款游戏，还是开发一款手机应用程序或是一个软件产品，此书再适合你不过了。

尽管读懂并且理解这本书需要先掌握一些基本的设计术语，但这不意味着你非得是设计师或者程序开发者。

书里有哪些内容

此书分为三部分。

第一部分包括第一章、第二章和第三章。该部分解释为什么说为儿童设计是一件令人着迷和愉快的事情。内容上涉及儿童认知发展的基本知识，提供为儿童设计的框架，指出为儿童设计与为其他人群设计的联系。

第一章，"儿童与设计"描述儿童网站从互联网初期至今的演变过程。

第二章，"玩乐与学习"定义了为儿童这一目标群体做设计的基本框架，同时解释为儿童设计与为成年人设计的共同原理。

第三章，"发展与认知"研究儿童认知发展的各个阶段，强调为儿童设计时应该考虑到的儿童发育过程中的重要方面。

第二部分包括第四章至第九章，提供详细的设计模式、原理、工具和运用到儿童身上的技巧，以及开展用户研究与测试的有效方法。

第四章，"2~4岁儿童：小小人有大期许"讲解为2~4岁儿童设计产品的技巧，主要关注如何为不具备阅读能力的小用户设计产品，通过谨慎地使用色彩，建立合适的视觉层次等手段实现设计目的。

第五章，"4~6岁儿童：混乱的学龄前"介绍为4~6岁儿童设计产品的方法，其中包括社交功能设计、反馈信息以及关于创新性的探索。

第六章，"6~8岁儿童：大小孩"普及设计6~8岁儿童产品的必要知识，例如，产品中的进阶和升级体验、建立必要的游戏规则以及提供自我表达的机会。

第七章，"8~10岁儿童：酷因素"讲解为该年龄段儿童设计产品所需注意的问题，诸如失败的体验、产品的复杂性、广告的呈现和用户身份信息等。

第八章，"10~12岁儿童：逐渐长大"讨论为这个年龄段的儿童设计产品的微妙之处，因为这个时期的儿童尽管在认知上已经成熟，但是在数字化体验方面，他们仍然需要得到一些特殊对待。

第九章，"设计研究"探讨针对不同年龄段儿童进行设计研究的技巧，包括研究对象的招募、授权协议书的制定以及家长的参与。

第三部分包括第十章和十一章。该部分将前两部分的信息进行汇总，为儿童设计优秀数字化产品的重要信息都在这里。

第十章，"不同年龄，同一款App"运用同一款App展示了不同年龄层儿童设计模式的演变过程。你可以直观地看到一个为2~4岁儿童设计的简单视频播放App是如何被改进升级为一个集播放列表、收藏和分享为一体，适合于10~12岁儿童的复杂产品的。

第十一章，"总结汇总"展示了为儿童设计产品所需要考虑的商业问题。例如，如何将App提交至应用商店平台以便用户下载，如何发布并运营网站。

书中还会穿插来自孩子和业内专家的访谈记录和案例分析。

本书有哪些辅助材料

本书的辅助阅读网站（**http://rosenfeldmedia.com/-books/design-for-kids/**）包含一个博客和一些附加内容。书中图表可以在Flickr上找到。在遵守知识共享协议的情况下，您可以下载并用于您个人展示。网址是：**www.flickr.com/photos/rosenfeldmedia/sets/**。

常见问题

为儿童设计与为成年人设计有哪些不同之处？又有哪些相似之处？

与为成年人设计相似，为儿童设计产品首先要全面深刻地理解目标用户，了解他们的需要和需求。但是这两者之间也有很大的区别，其中一个重要的不同之处是儿童用户成长非常迅速。一个2岁大的孩子在6个月的时间里，认知能力、运动能力和其他技能都会发生显著的变化，而成年用户在这些方面的能力是相对稳定的。因此，时刻都不要忘记孩子们身上所发生的这种变化，你需要针对这些变化设计可以伴随他们成长的网站和游戏。

而且，成年用户在交互体验中往往具有非常明确的目的性，但儿童用户仅仅将其当作一段体验式的旅程。哪怕你只是丢给他们一台电脑或一个iPad，对他们而言都是一种"盛情款待"。在他们眼里，一切都是冒险体验。虽然在设计中你依然要遵循一些设计要求和设计目标，但是在大部分的产品细节上你都有更多发挥的空间，并从中享受更多的乐趣。本书第二章详细解释了两者之间的相似之处和不同之处，并介绍了这些信息在为不同用户群做设计时的意义所在。

为儿童设计产品，我需要了解多少与儿童发育相关的知识

为儿童设计产品，最好对儿童不同的发育阶段有一个基本了解。虽然你不需要深入掌握儿童认知心理学层面的知识，但是在项目开始前依然有必要对儿童认知能力成长和成熟的不同阶段有一个大概的了解。你可以从本书第三章中找到皮亚杰（Jean Piaget）理论中的认知发育阶段的入门知识。其中包含的儿童成长所需经历的不同阶段的信息，可以帮助你为目标用户设计出优秀的产品体验。

为儿童设计产品时，我需要注意哪些相关的法律法规

虽然为儿童设计网站和App产品并没有硬性的法律法规需要遵守，但许多国家对从13岁以下儿童处收集用户个人信息有严格规定。你可在美国《儿童在线隐私保护法》（COPPA）中找到相关的详细说明。这部法规应该是当前最严格的法规之一。从本书第六章末尾我对Linnette Attai的访谈记录中可以看出，这部法规明确声明：从儿童用户处收集任何用于传播、推广或是暗示身份（包含用户行为数据和地理位置数据等）的信息都需要得到家长或法定监护人的书面同意。

2008年，第30届"国际数据保护和隐私专员会议"在法国斯特拉斯堡召开，会议起草了《儿童在线隐私保护解决方法草

案》。虽然这些都是高层面的指导方针，但至少在国际层面达成了保护儿童在线隐私的共识。草案中有一条：呼吁所有设计师、教育人员、家长、儿童以及为儿童开发数字化产品的企业加强彼此间的合作，确保所有的个人信息都能得到充分的保护。

为儿童设计产品时，我应该遵循哪些特定的设计惯例

你需要特别注意每个年龄段孩子独有的特征，并针对这些特征为他们做设计。例如，在为2~4岁儿童设计触屏交互App产品时，需要为他们创建足够大的触摸对象，因为他们的小手还有些笨拙。同时，要根据他们已经掌握的行为动作创建交互手势，比如，要用挥（swiping）、抓（grabbing）和敲（smacking）这样的交互，而尽量避免弹（flicking）、捏（pinching）和点（tapping）这样的交互。在本书的第四章可以找到更详细的相关信息。另外，你还要重新斟酌许多设计中使用的图标和标志。虽然很多通用图标在成年人眼中非常直观易懂，但孩子毕竟才刚进入抽象思维阶段。最后，你需要尽量避免依赖文字说明，而更多地使用视觉提示元素，因为对孩子们（哪怕是已经具备阅读能力的孩子）而言，在屏幕上浏览文字并非易事。本书第四章至第八章所提供的设计模式基本上能有效地覆盖所有不同年龄段的儿童。

前言

作为一个从业三十多年的资深家长兼交互媒体行业研究员和设计师，我不得不抱怨数字化产品设计行业中充斥着的各种傲慢无礼与彻头彻尾的草率。儿童这个群体，仅仅因为他们不是成年人，就被想当然地认为他们对优雅细心的设计没有需求。许多开发者天真地以为为孩子开发的东西就一定要简单幼稚，因为儿童的思维不如成年人的思维成熟复杂，可事实真是如此么？他们还认为只要拥有像超人和ET这样优质IP的授权就肯定会让产品广受欢迎（早年的雅达利公司就开发过这么一款游戏）。

Debra Levin Gelman通过这本为儿童数字化游戏和App产品设计师所写的细致、全面且案例丰富的参考书，为数字化产品世界作出了巨大的贡献。本书的内容极具见地，语言通俗易懂。作者精心选用产品截图，配以精辟的评论。她亲自参与的案例分析和访谈对话使得本书的内容更加丰富，这也足以证明她通过一手掌握的材料对该主题有着全面深刻的了解。书中每个章节以两岁为一个年龄段进行阐述，分析目标用户群的发育状况和社会特性，并提炼出相应的设计方法。最后一章详细介绍了针对儿童用户进行设计研究的方法，这部分内容可以帮助设计师直接从目标用户群吸收信息，就像Gelman在书中所说的，要了解他们的思维习惯和喜好。

纵观全书，其中不少独到的见解吸引了我的眼球——有时是因为这些内容与我的经历完全吻合，有时是因为她的见解让我十分惊讶。比如，在为2~4岁儿童设计的章节，我欣喜地看到Gelman对如何成功地运用视觉提示元素向目标用户传达层级概念和聚焦内容的细致分析。还有一个有关父母被孩子们重复发出噪音搞得抓狂的案例也让我深受启发（虽然它并没有改变我长久以来坚持的一个信念：那些发出重复性吵闹噪音的玩具都极其可恶，应该把它们扔到大街上让汽车轧扁）。在为4~6岁儿童设计的这个章节中，我很高兴Gelman观察到了"有时，想要让产品体验具有社交感，只要通过第一人称的方式就能轻松实现"。

许多年来，我一直都在研究性别、科技和玩乐之间的关系，在这个主题上，我对作者的观点产生了强烈的共鸣：她在书中提醒设计师对待性别问题正确的方式应该是根据孩子不同的玩乐方式来进行区分，而不是通过我们认为的男女性别特征进行区分。

我对那些如何通过设计培养孩子们"批判性思维"的观察和见解一直有着浓厚的兴趣。例如，在孩子们刚刚可以区分广告和产品内容时就告知他们区分这两者的界线，可以帮助孩子们在成长过程中建立区分媒体和消息的批判性思维能力。我喜欢Gelman提出的一条建议是：我们要让孩子们"失败"或"犯错"的体验变得更加有趣。"有趣的失败体验"这个概念可以帮助孩子们建立起一个适应力和创造力出色的成年人所具备的批判性思维和勇敢的品质。在设计中应用Gelman所提出的见解可以帮助孩子们形成诸多优良的品质。

虽然本书表面上看起来只是讲解为儿童设计这个主题，但我们能够通过这些内容看到Gelman对这个年幼的群体所倾注的爱和尊重。我希望每一位为儿童设计互动产品的人都能够好好阅读本书，并真正领会作者的用意。

Brenda Laurel

写于加利福尼亚州圣克鲁斯山

序

多年前还在读大学时，我选修了才华横溢的Patricia Aufderheide教授开设的儿童电视课程。从那时起，我对儿童媒体行业产生了浓厚的兴趣。当时Aufderheide教授已是几个年幼孩子的母亲，她将自己的亲身经历与认知心理学原理结合在一起，向我们展示了为这些小家伙们创造有意义的媒体是一项异常艰巨的任务，但这个创作过程和结果会让我们激动并获得成就感。通过她的教导，我意识到视觉素养（visual literacy）的重要性：它可以帮助孩子们理解设计技巧如何应用于提示信息、销售产品、操作控制和教育等各个方面；同时也让我认识到当时儿童电视行业的优秀作品屈指可数，市场上充斥着以产品广告为核心的电视节目。自20世纪80年代中期儿童电视行业的管制放宽以后，这之前所创作的许多高质量的节目逐渐被用半小时动画包装的商业内容所取代。然而，我对媒体行业的兴趣却日渐浓厚，我经常幻想自己为《芝麻街》（Sesame Street）和《阅读彩虹》（Reading Rainbow）这样的节目创作作品。

不久以后，互联网进入了我们的生活。我也开始了我的研究生学习生涯。在此期间，我认识了Seymour Papert、Brenda Laurel和Sherry Turkle这些教育科技领域的先锋人物，并和Amy Bruckman这样了不起的人物一同学习。我深深感受到互联网虽然为催生更优秀的儿童媒体打开了通道，但我们还有很长的路要走。

毕业后，我成为一名职业儿童网站设计师，参与设计了许多知名品牌的项目，例如，绘儿乐（Crayola）、Scholastic

出版社、PBS电视台、康卡斯特（Comcast）、金宝汤（Campbells' Soup Company）、非凡农庄（Pepperidge Farm）等。我也因此得到与成百上千的孩子接触的机会。我开始真正为儿童设计，我把他们视为"儿童"，而非具备演绎推理能力、抽象思维能力和逻辑思考能力的年幼版成年人。

在我女儿2岁时，我开始更加深入地看待当前的儿童数字化媒体作品，也变得越来越挑剔。当时我有一部使用了多年的旧iPhone手机，但我依然觉得使用这个设备帮助孩子学习和娱乐非常有意思，因为它不需要键盘、鼠标这些配件，也不需要孩子具备出色的运动能力。于是，我开始寻找为儿童设计App的相关资料，虽然也找到了一些有意思的论文，但始终没有找到一本综合阐述如何为不同年龄段儿童设计优秀数字化产品的参考书。于是我迅速整理了一份"电梯游说"（Elevator Pitch）材料并找到了Lou Rosenfeld。那次谈话促成了本书的出版。

我写这本书的初衷是希望它给为儿童设计产品的人和项目带来启发。然而，随着写作的深入，我也开始意识到为儿童设计产品时所用到的诸多设计方法也适用于为其他年龄段的用户设计优质体验。我由衷希望本书可以为你带来一定的价值。无论你为谁设计，我都希望本书帮助你成为一名更优秀的设计师。

Debra Levin Gelman

2014年5月13日

写于宾夕法尼亚州费城

目录

第一章

儿童与设计

为儿童设计的昨天
为儿童设计的今天
好消息与坏消息

Savannah W. 3岁

你无法对未来按下"停止"键，

也无法对过去按下"倒带"键。

领悟其中奥妙的唯一方法，

便是将时间持续"播放"。

——Jay Asher

十年前计算机可谓是稀奇且不成熟，那时的孩子们只能在每周的计算机课上玩上几个小时。如今计算机已经无处不在，几乎占据了全世界所有的办公桌、柜台、教室……二十年前，孩子们拿着软盘在大人的严密监视下学习BASIC语言或玩电脑游戏。可今天，他们可以自由自在地拿着笔记本或平板电脑尽情探索。十年前，孩子们对这个叫"万维网"的东西一直避而远之，这是由于对未知的恐惧在作祟。现在，他们能从容大胆地应对网络、应用程序、社交媒体、网络游戏等，几乎没有任何恐惧感。

这个时代下成长的儿童是土生土长的数字人，科技已经成为他们生活中不可或缺的一部分，并将一直持续下去。与前几代人不同，这些数字化的儿童认为科技是为服务他们而存在的，而不是他们服务科技。他们对重置（reset）、撤销

（undo）和再玩一次（play again）这样的词汇再熟悉不过了。他们视科技为工具，用它来表达、探索和交流。因此，为这些孩子设计产品变得比以往任何时候都更具挑战性，也更令人兴奋。

接下来让我们看看当互联网本身还是个孩子时"为儿童设计"意味着什么，而当互联网步入成年之后"为儿童设计"又意味着什么。

为儿童设计的昨天

1998年，我初次尝试设计儿童网站。当时佐治亚公共电视台（Georgia Public Television）有一档教学龄前儿童西班牙语的电视节目《Salsa》，我要为该节目设计一个辅助网站。当时我在深绿色的背景上添加了黄色的文字，再配上几张GIF动态图及一些蹩脚的视频，还有一个用我的三脚猫Shockwave技术编辑的小游戏（见图1.1）。网站的导航有些复杂，而且我拷贝了许多网站教程上的内容。尽管如此，我还是引以为豪，它甚至还为我赢得了一个佐治亚公共电视台颁发的"最佳网站"之类的奖项。

这个叫Salsa的电视节目依然在播出，可我设计的网站早

图1.1 我的儿童网站设计处女作（约1998年）

已不复存在。在互联网刚开始的那个年代，我们为儿童设计网站的方式和为成年人设计网站的方式如出一辙。唯一的区别是我们在设计儿童网站时会用更多的图片、更丰富的色彩，然后把字体放大。那时我们认为"更大"意味着更能吸引儿童。当时我们的确受制于诸多限制，比如调制解调器的速度、网页安全色等，计算机显示屏也小得多。然而，排除这些限制因素，我们的确没有挑战自己去探索另一种更合适的方法专门为儿童设计网站。

与此相反的是，我们当时最关心的是如何使儿童远离互联网，如何保护他们不被那些从世界各地涌来的未经审查的新闻、图片和资讯荼毒。尽管教育性的网站不断涌现，可是大家认为这些网站应该在可靠的成年人的陪同下使用，由成年人来帮助儿童操作这些复杂烦琐的导航，因为大家并不放心让儿童自己使用这个疯狂可怕的新科技。

小提示　不仅是图片与色彩

儿童网站自互联网婴儿期便一直存在。然而，直到十年前，我们才开始着重强调为儿童独特的认知能力、运动能力、技术能力和情感能力去做设计。

图1.2 展示的网站名叫魔法学习（Enchanted Learning），这是一个典型的20世纪90年代中期的儿童网站。网站设计的初衷是让儿童在父母和老师的帮助下使用。它以一些趣味的儿童教育内容为特色，但过时的设计风格、过度使用的色彩、限制性的网格和过小的图片等问题使得儿童理解和使用都很困难。即便如此，它还是代表了1996年儿童数字设计领域的最高水平。那时Flash还不普及，数字设计的互动性和参与感很有限，而且我们想当然地以为所有用户都能顺畅阅读，会用鼠标，有足够的耐心等待一堆图片加载。我们大错特错了！

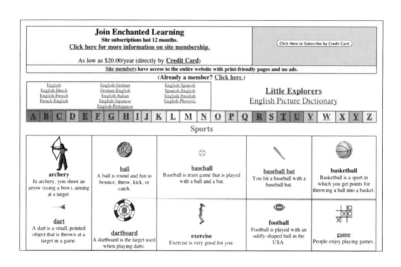

图1.2 魔法学习是20世纪90年代中期典型的儿童网站

为儿童设计的今天

　　值得庆幸的是，如今我们了解得更多了。科技的进步使我们对儿童有了更深入的理解，以便可以为他们带来舒适感更强的体验。设计师开启了全新的致力于为儿童设计的新时代。苹果在其官方应用商店中增添了"儿童"类别就是一个很好的证明。与此同时，激动人心的交叉体验拉近了虚拟世界与现实世界的距离。我们逐渐意识到应该充分利用孩子使用科技产品的时间，使之满足他们在认知、发育、情感和智力上的需求。然而，你很快就会发现我们仍需要做大量的工作。

为了比较为儿童设计的"昨天"与"今天"，我们来看一个叫DIY的网站（见图1.3）。这个网站展示了当下优质的儿童数字体验所需具备的要素。

DIY是一个为儿童设计的网站（它还有一个辅助的应用程序）。讲究的用色、清晰的触摸按钮、直观的导航不仅为儿童提供了全方位的绝佳体验，而且能适应儿童持续发展的认知能

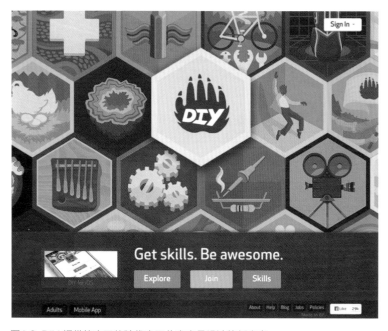

图1.3 DIY 提供的交互体验代表了儿童产品设计的新方向

力。孩子们可以在DIY寻找有创意的在线项目，在"现实世界"中实践并回到网络社区分享给小伙伴。DIY完美地反映了6岁及以上儿童是如何使用科技产品的（浏览、分类、过滤及支持线下活动）。6岁以下的儿童很难区分他们在现实世界和虚拟世界活动的差异，DIY所呈现的无缝交互体验很好地解决了这个问题。

除了清晰且极富创意的设计之外，DIY还运用了互动设计模式。这种模式对12岁以下的儿童特别适用。网站流程直截了当，多重选项的排列方式有序易懂，网站导航清晰直观，这些都有助于孩子们了解网站的功能和用法。稍后我们会看到更多类似的案例。

好消息与坏消息

好消息是如今越来越多类似DIY这样的儿童网站和应用正在涌现。坏消息是这些网站和应用还不够多。孩子周围仍然充斥着太多平庸的产品（应用、网站、游戏，甚至玩具），它们极少考虑甚至完全无视儿童的学习与玩耍方式。作为设计师，我们既面临机遇，也肩负着为儿童设计的重大责任。

传播与媒体委员会（The Council on Communications and

Media）在2013年10月公布的研究结果表明，美国儿童平均每天花在电视、电子游戏、网站和移动设备上的时间大约为8小时。

虽然我们不希望儿童花更多的时间在电子设备上，但是作为设计师，我们的目标应该是通过设计更好的界面、体验、内容与工具来提高儿童应用程序的质量。本书的意图就是帮助设计师实现上述目标。接下来让我们开始了解儿童和设计吧。

玩乐与学习

Clare, 8岁

要了解一个人，与他玩耍一小时比对话一年更有效。

——柏拉图

记得在一个4岁小朋友的生日聚会上，我和两位家长聊起了关于孩子玩iPad和看电视的话题，对话的内容很有意思。我问她们如何规定孩子们使用这类电子产品的时间。其中一位母亲强烈反对孩子在iPad上玩游戏，她让儿子（一个非常聪明且有教养的4岁男孩）每天在iPad上花一小时使用适龄的阅读App和数学App，最多允许他在睡前看两集电视节目。

而另一位家长则对她3岁的女儿采取放养政策，只要她女儿想在iPad上玩游戏或看视频，任何时候都可以。小女孩最喜欢的游戏是《愤怒的小鸟》（Angry Birds）。她告诉我，女儿刚开始玩游戏时非常沮丧，因为女儿完全摸不着头脑，但后来女儿终于明白了如何正确使用游戏中的弹弓发射小鸟。她说她女儿在领会了其中的奥妙后异常激动。这位母亲注意到女儿的手眼协调能力因此得到了很大的提升。不过此时，前一位母亲却一直摇头，坚决不赞成孩子在iPad上玩游戏。

该玩还是该学

刚刚提到的两位母亲，孰对孰错？尽管现在有许多关于儿童使用电子产品时间的研究，但并没有人真正了解电视及互动媒体对儿童成长产生的影响。我们可以确定的是，上述案例中的两个孩子同时都在玩和学。无论是用传统的教学原理学习阅读和数学知识，还是通过游戏学习物理原理和提升手眼协调能力，这两个孩子都在学习概念、技巧和策略，这些能力最终都会应用到他们的生活中。

人们容易忽略儿童在游戏中学习和交流的事实。作为设计师，你的职责是理解用户并根据用户完成某个任务最舒适的方式去设计。作为儿童设计师，你也有责任理解孩子们最喜欢的完成任务的方式，比如在娱乐中学习。

不幸的是，许多国家的教育系统都将学习和娱乐区分为两类不同的活动——前者是坐在教室里进行的，而后者是在操场上进行的。其实，设计师为儿童做设计时往往会强调玩的重要性，他们通常都抱着这种想法："我想创造有教育意义的东西，帮助孩子们学习。我不希望这仅仅是一个游戏而已。"

事实上，最成功的那些儿童网站和游戏都是以学习为核心的。例如，《愤怒的小鸟》（Angry Birds）和《鳄鱼小顽皮爱洗澡》（Where's My Water）这两款游戏可以让5岁大的孩子从中学习复杂的物理原理；"秀娃世界"（Webkinz）和"企鹅俱乐部"（Club Penguin）这两个网站潜移默化地教会了孩子们货币、慈善和财务管理的概念；《托卡乐队》（Toca Band）和《宝贝钢琴》（Baby Piano）这两个应用程序教会孩子们简单的音乐创作。与传统的学习型游戏相比，这些产品体验的核心差异在于它们首先考虑游戏性，并以玩为中心。尽管教育性是这些产品的首要目标，但设计师几乎将其完全隐藏于游戏背后，让孩子们开动脑筋解决游戏中的小难题，并从中获取知识。

小提示　词典释义

《韦氏词典》对"玩乐"（playing）的定义有多种，其中包含"一种娱乐活动，尤其是孩子自发性的活动"；而将"学习"（learning）定义为"通过研究、练习、被教育或体验来获取知识和技能的活动或过程"。

为儿童做设计与为成年人做设计

想必你已经意识到为儿童做设计和为成年人做设计是有差异的，但究竟是怎样的差异呢？说实话，这其中的差别比几年前人们想象的要微妙得多。为成年人做设计（即便是设计游戏）时，我们的目标是帮助他们通过关卡或完成任务。但为儿童做设计时，通关只是设计目标中很小的一部分。我们需要注意以下几点差异：

- 挑战（challenge）；

- 反馈（feedback）；

- 信任（trust）；

- 变化（change）。

挑战

小朋友们往往能从挑战和冲突中获得快乐，对目的则并不在意。而大人们并不如此，尤其当我们试图完成一些日常任务时（例如查看银行账单或阅读电子邮件）。Toca Boca是一家瑞典公司，他们为学龄前儿童和小学生设计了不少广受好评的App。iPad游戏《托卡公寓》（Toca House）就是一个典型案例（见图2.1）。在游戏中，孩子们需要使用吸尘器来清洁地毯。Toca Boca设计团队创造的交互体验比我们想象的更具挑战性：地毯上的脏东西并不是用吸尘器轻轻一扫就干净了，而是在每次清扫中逐渐消失。这种反复的摩擦动作可能会让成年人抓狂，但小朋友们却乐此不疲。Toca Boca的联合创始人Emil Ovemar（第四章末尾有简介）认为这些额外的挑战能极大地

图2.1 《托卡公寓》设计的游戏冲突让孩子们乐此不疲

增强儿童的成就感，也能让儿童从App中体会到乐趣和快感。

"冲突"对成年人也至关重要，但这大多数体现在宏观层面。比如，电影或游戏中的戏剧冲突能推动故事情节的发展。但对孩子们而言，像清洁地毯这种小事就能让他们产生快乐。乐高（LEGO）对游戏冲突做过一次有趣的研究，研究明确表明游戏冲突有助于开发儿童多方面的能力，例如：

- 预测他人对自己行为的可能反应

- 控制自己的情绪

- 清晰地交流

- 懂得他人的观点

- 创造性地化解分歧

反馈

在数字化空间里，孩子们无论进行什么操作都喜欢得到视觉上和听觉上的反馈。当你打开一个儿童网站或App时，你会发现几乎所有的交互都能触发一些反应。与此不同的是，成年人只希望在完成某项任务后或者中途出现错误时得到系统的提示。成年人和孩子大不相同，如果每次移动鼠标或每个手势都会触发声音或动画，成年人则会抓狂。想象你在网上填写一份账单，每次输入一个数字和点击"撤销"都能听到一阵掌声并看到一段动画，你有什么感受？但孩子不一样，他们做任何事，都希望得到反馈。

信任

通常孩子比成年人更容易相信他人，因为孩子无法预见自己的行为所能引发的后果。虽然我们可以教他们不要和陌生人说话，或者不要把个人信息透露给不认识的人，但除非有糟糕的事情发生，否则不可能引起他们的重视。这种状况不止会发生在儿童时期，它会一直持续到青少年时期才结束，这也能很好地解释为什么十多岁的孩子在线上和线下都容易做出危险的行为。

2007年，美国天普大学（Temple University）博士Laurence Steinberg推断：认知控制系统（主要负责冲动控制）的缓慢成熟可能是导致处在青春期的孩子危险行为的原因。像Facebook这样的App，只允许13岁以上的人使用，尽管App中未曾鼓励孩子们做出危险行为，但也没有任何设计可以防止他们轻信那些完全陌生的"朋友"。作为设计师，我们有责任理解设计中的"信任"因素，并为你的年轻用户保驾护航（详见第六章）。

变化

我们都知道，小孩子变化得非常快，为3岁孩子设计的App很可能对6岁的孩子就不适用。因此，本书以两年为一个阶段，将儿童的成长分为不同的阶段，以便设计师更好地理解不同年龄段孩子的差异。

曾经有人要我为6~11岁的孩子设计一个网站。这个年龄跨度在为儿童设计的项目中大得有些荒唐！最终我为该网站设计了不同的级别，使得每个年龄段的孩子只能接触到适合他们的内容和活动信息。虽然这个办法可行，但我依然倾向于缩小年龄跨度，从而增强使用体验和吸引力。

成年人就不一样。一般而言，成年人的认知能力已经相对稳定，因此我们不能像孩子一样适应频繁的变化。

儿童与成年人的共同点

尽管为儿童做设计与为成年人做设计有上述的种种差异，但他们之间的相似之处也同样值得重视。这些共同点包括以下四个方面：

- 统一性；

- 目的性；

- 意外性；

- 彩蛋（Lagniappe）。

统一性

在App设计中，一定要确保设计样式的统一性。无论是儿童还是成年人，都会反感突兀多余的设计。为儿童做设计有一个普遍的错误认知，即小朋友喜欢屏幕上任何东西都能做点很酷的事。但事实恰恰相反。只有避免让他们陷入抓狂的窘境，孩子们才会喜欢屏幕上的东西。

碍事的、与目标毫不相干的元素或实时动画也会让孩子们和大人一样抓狂，从而使他们放弃这个App。除此之外，如果屏幕上的所有元素都是移动的、高亮的、发出相同大小的声音，会让儿童和成年人都无所适从，增加他们使用该App的难度。为成年人做设计要遵循一个普遍原则：保持交互和反馈的统一性，以便用户快速学会如何使用App。这个原则在为儿童做设计时同样适用。

目的性

和成年人一样，孩子们也需要一个使用App的理由，并且这个理由一开始就应该明确。儿童对新事物的探索和学习比成年人更开放，因此，如果他们不能立马被目标和任务吸引，很快就会觉得无聊。

譬如说，一个游戏是否有趣？他们能用某个工具做什么或从中学到什么？在他们全身心投入之前，必定会先了解这些东西能带给他们什么。这并不意味着你需要制作一堆详细的说明或帮助视频，而是要设法将App的内容和操作方式表达清楚。

意外性

儿童和成年人都会对网站或App的表现有所预期，并且希望它们可以达到这些预期。他们都不喜欢得到意外的反馈或是偏离他们预期的体验。

成年人在网上购买某个产品，完成支付后预期会看到一条确认购买的信息，而不是推销其他产品的广告。当孩子们在游戏里把宝石放进盒子，他们希望打开盒子随时能看到搜集的宝石，而不是一个接一个地打开所有盒子去寻找自己搜集到的宝石。

彩蛋

我第一次是从我的编辑Marta那儿听说lagniappe这个单词的。lagniappe指的是取悦用户或消费者的小小惊喜，即所谓的"彩蛋"。大人和小孩都喜欢这种惊喜。比如，Twitter在移动端的"下滑更新"选项中设计了一个精美的小动画，表示系统正在更新用户订阅信息。再比如《会说话的卡尔》（Talking Carl）这个App，如果孩子玩了一会儿便将手机丢在一边，一段时间后这个小东西会自言自语以吸引孩子的关注。有必要说明一下，意外和惊喜是两个不同的概念。意外就像玩偶盒子里突然跳出的怪物，让你惊出一身冷汗；而彩蛋带来的惊喜就好像你在酒店的泳池中快被晒晕时服务员突然递给你冰镇葡萄。

小提示 非传统意义上的复活节彩蛋

维基百科将彩蛋（Easter egg）定义为"电影、电视剧、书本、光盘、计算机程序、电子游戏中隐秘的消息或功能"。著名的游戏设计师Warren Robinett曾在动作游戏鼻祖《冒险》（Adventure）中悄悄藏了一条神秘的信息，当时雅达利（Atari）的员工看到后引起了轰动，从此就有了"彩蛋"这个说法。

在为儿童做设计时，大家一定都希望自己能意识到上述的不同点与共同点。切记，为儿童做设计并不是将一切为成人用户设计的内容、图形和交互"弱智化"。你需要有意识地理解你的目标用户，了解他们的认知、身体和情感发育所处的阶段，以确保你的设计可以恰如其分地与之匹配。如果你只关注为儿童设计与为成年人设计的不同点，则容易忽略优秀数字化产品设计的基本框架。

数字化产品设计框架

为儿童设计在整体流程上与为成年人设计极其相似，都有必要进行用户研究、分析观察结果、进行产品设计及产品测试。但每个流程的具体操作方式有着天壤之别。我将为儿童设计的流程归纳为4A，即吸收（absorb）、分析（analyze）、架构（architect）和测评（assess）。你或许会对下文列出的许多步骤十分熟悉，但其中包含的信息和设计方法却与设计师所熟悉的套路有很大区别。

吸收

作为一位交互设计师，你很可能会直接翻开自己的草图本，画草图构思网站或App。一旦脑中浮现出一个创意，你便会在此基础上做思维发散，做各种尝试，并迫切想要看到结果。为成年人做设计，这样的方法或许可行，那是因为你对成年用户的需求和期望已经有了一定程度的了解。但你不一定了解儿童，尤其是低龄儿童。设计师必须通过观察才能理解他们。有些设计师对我说："我记得我小时候是怎么想的，所以不进行观察研究也行。"有些则说："我的孩子和目标用户年纪相仿，我可以直接把我对自己孩子的理解用于设计。"大错特错！前文已经解释过，这些"数字人"和我们小时候截然不同，而且他们的行为、需求和期望都无时无刻不在发生变化，因此一定要从他们身上吸收新的信息，哪怕只是一小部分孩子。

花时间观察孩子并吸收有关的信息：他们如何玩耍、如何交流、如何操控物体、如何与环境中的事物互动……你很快会发现，儿童缺乏成年人所具备的演绎推理能力，因此无法从认知层面区分无形的理念与真实的界面。他们也不擅长用语言表达自己。如果要了解他们需要什么或者为什么生气，就必须进行观察。不仅观察，还要从孩子的言行中吸收大量的信息。

所幸的是，这种观察研究在操作上相对容易。你并不需要设计一个复杂的测试脚本，不需要先进的实验室，也不用对测试对象进行复杂的筛选。只要有一个房间和一些适龄的玩具即可。或者干脆去孩子家里观察他们在自己熟悉的环境中的言行。在观察研究之前，你要明确自己需要获得什么样的信息，以及如何应用这些信息。举个例子，为了设计一款编程游戏，你需要了解6岁左右的小女孩是如何进行合作的，那么你要准备合适的道具，找到适当数量的小女孩参与研究，并预留充足的时间让她们彼此熟悉并共同合作。

小提示 找到合适的参与者

除了明确你要获取的信息，还要找到合适的参与者。比如设计一款iPad游戏，你需要观察经常使用iPad的儿童。只有这样，才能确保参与者理解你所设计的游戏情境。

我们将在第九章详细介绍设计研究在实际中的应用。现在只需将焦点集中在观察和吸收孩子们玩的方式上。吸收量化信息很简单，只要看看他们怎么玩、选择玩什么、玩多久以及他们什么时候决定玩别的东西就知道了。

在观察时，应选择与你要设计的App或网站相关游戏或玩具。例如，你要设计一款让孩子创作音乐的游戏，那么你应该让孩子们挑选他们最爱的乐器，并观察他们是如何使用这些乐器的。低年龄段的孩子很可能只会在木琴玩具上猛击，而大一些的孩子可能会尝试着敲出一段旋律。

如果你要设计一个有关汽车和卡车的网站，就给孩子们一堆玩具车然后观察他们的行为。或许你会发现小男孩喜欢将玩具车排成几排或是顺着坡道赛车；女孩则会赋予玩具车各种性格并让它们相互对话，就好像她们对待玩偶或玩具小动物一样。

还应该关注孩子是如何与环境中的事物互动的。有些孩子（尤其是低年龄段的孩子）非常喜欢玩具本身，这意味着相较于自发地创造游戏或过家家而言，他们更喜欢与实际的物体互动。导致这种现象的主要原因是低龄儿童还在琢磨如何融入周围的环境，因此他们需要与周围的物体建立联系，并且还要将自己从这些物体中区分出来。仔细观察孩子们到底有多遵守游戏规则，比如看看他们在玩航空游戏时是将玩具飞行员放入座舱，还是将飞机倒置，并将小动物、蜡笔和卡车等放入其中。

你很可能会看到上述各种现象都掺杂在一起。这些信息可以帮你确定网站或App中规则设计的严格程度。如果孩子们对你准备的东西一直表现出不可捉摸的行为，那么你应该在App设计中减少对实物本身的强调，更多地设计一些能吸引他们的交互体验。如果他们始终都在关注这些物体本身，那么你就应该更专注地设计这些物体。你很可能会发现不同年龄段的孩子会表现出明显的差异。对于一个3岁的孩子而言，没有什么比拿着物件撒疯来得更有意思。而6岁的孩子更倾向于选择按照预期的用法保守地使用物件。

分析

完成了观察，还需要弄清楚这些信息对你的设计有什么意义。我喜欢从流程图开始，对信息做一些分组和归类，确保我能准确找到规律。然后，不管我在设计什么，我都会敲定主要的设计方向。许多人选择跳过流程图，直接设计具体的交互细节，快速记录各种规律和趋势，并斟酌这些信息可能呈现的样式及实现方法。如果这是一个团队项目，你首先应该和其他团队成员互相比较各自的观察记录，并交流这些信息对设计的意义，然后在设计过程中迭代进行流程图分析和草图设计，在此过程中不断纠错并调整。

无论是在观察过程中还是观察结束后，我一定会在第一时间将观察过程中每个阶段的记录整理成一份流程图（见图2.2）。

图2.2清楚地反映了3岁小朋友迈克尔的行为流程：先捡起玩具卡车玩了一会儿，然后走到他的"小人"面前，过家家式地模拟日常生活中的场景（杂货店、操场等），紧接着又玩起了卡片游戏，最终以读书结束了整个过程。

紧接着，我会将物品、行为、主题和发现写在即时贴或小卡片上，并对这些信息进行一轮又一轮的归类分组。这个方法叫做"亲和图"（affinity diagramming），它能帮助我深入理解儿童的主要行为和想法（见图2.3）。这个方法也能提示我在设计网站或App时该如何平衡这些因素。设计师一定想为自己的App找到一个最佳切入点并以此创建一个设计转化标准。比如，针对3岁的孩子，运用我们对这个年龄的孩子所了解的理论知识（见第三章关于发展和认知的解释），就可以将观察中提炼出的主题和行为转化为设计方向和设计语言。

此时，我会将提炼出的主题和规律整理成一个类似"词典"的资源库，并在思考产品功能和特性的过程中使用，这也有助于我快速找到创意。通常，我为了确保主要项目或游戏设计的

迈克尔，3岁		
时间	0:00	0:02
行为	拿起玩具卡车，在地板上转圈行驶，嘴里发出"呜呜～"的声音。说这是他最喜欢的卡车，因为卡车是蓝色的，而且还有"大轮胎"。	放下卡车，捡起小人玩偶，并模拟与小人一同去杂货店（将一个乐高盒子当作杂货店）。
物体	蓝色卡车、蜡笔、小人玩偶	小人玩偶：两个女性角色和一个儿童、乐高盒子
发现	将卡车压过蜡笔、小人玩偶等其他玩具。好像他有意地压过"小人"并觉得很好玩儿－在一个安全的环境中做出冒险行为，可能是表现出潜意识中的恐惧？	"妈妈"允许"孩子"随意购买他喜欢的东西，例如草莓、薯片和牛奶－熟悉的日常活动，舒适性，购物控制欲
主题	独立性、控制欲、权利赋予、恐惧克服	
时间	0:15	0:22
行为	把时间识别玩具放在一边。把所有的卡片放在一个盒子里，再把其他玩具放在卡片上。把闹钟放在最顶上。盒子没有关上，他又把所有的东西倒出来，重新玩一遍。	去书柜拿出了3本书，坐在地板上并"假装"读给我听。根据书中的图片给我讲述每本书里面的故事。故事讲的十分不赖。
物体	时间识别玩具、游戏闹钟、盒子	书《Goodnight Gorilla》《Hop on Pop》《Brown Bear, Brown Bear》
发现	看上去节奏变慢了。更多时间花在个人的行为上。是不是到了休息时间了？	肯定是累了。回答了我问的和书有关的所有问题。当我问他为什么小猫是紫色的时候，他的回答把我乐坏了："因为它的爸爸妈妈是紫色的"。
主题	将物品放入收纳容器、保护性	讲故事

图2.2 观察结果流程图

0:08

从过家家游戏转向了"操场"，让玩偶在玩具秋千上荡秋千。同时，加入了更多小人玩偶，假装他们是在操场上一块儿玩耍的小伙伴。

小人玩偶、消防员、女性飞行员、秋千、卡车、小型面包车

所有的角色都在互相之间对话。是在试图告诉我这是一个典型的／快乐的日子？或是他喜欢做的事？

快乐、朋友、联系、互动

0:12

把小人留在地板上，拿起时间识别玩具。一遍一遍地旋转游戏闹钟，并将时间卡片首尾相连，然后并排排列。将时间卡片丢在玩偶上。

时间识别游戏卡片、游戏闹钟、小人玩偶

他简直玩疯了。他对"正确"玩时间识别游戏的方法一点兴趣也没有，但非常享受卡片的触感和闹钟旋转时发出的声音。把卡片丢在小人身上的行为十分滑稽。

打破规则、制造混乱、物体的表面质感

0:30

把书本放在书柜上。当我夸他很棒，说自己从他那儿学到了很多时，他走过来跟我击掌。

书本、书柜

当他妈妈告诉他把玩具收拾好去睡午觉时，他显得有点不耐烦。只是很随便地把书本放在书架上。他妈妈试着用游戏的方式教他放好书本，可他却并不感兴趣。午休时间。

控制

图2.3

使用"亲和图"法

合理性，会制作一些流程图。然后，以此为基础发散思考，构思一些酷炫的设计。其实，此时我已经为架构（architect）流程准备好了所需的一切。

如果你在大公司工作，作为跨职能团队的一员，那么最好将创意工作坊安排在分析（analyze）阶段。如果你的团队成员共同参与了吸收（absorb）阶段的观察，那么在整理分析所得数据时，他们很有可能会提出你未曾考虑的方面。退一步说，即使他们没有参加之前的观察，也依然可能在分析中助你一臂之力。可以让他们参与制作"亲和图"，或者告诉他们你的所见所闻，让他们帮你出谋划策，看看这些信息对你的设计有什么意义。

架构

架构（architect），顾名思义，即为系统创建功能和结构框架。当我的目标用户为大于7岁的儿童时，我倾向于在开始阶段让用户参与设计：我会和孩子们分享这个App的基本主题和观察到的流行趋势，让他们自己设计一些原型。（第九章末尾的专家访谈介绍了许多参与式设计工作坊的巧妙方法。）

让孩子们参与设计网站或App，可以帮你更好地了解他们期望从产品中获得的交互体验，以及他们期待的功能（见图2.4）。这些工作坊还可以帮你进一步理解目标用户的认知能力

"孩子们在一起忙活"
图片由布鲁塞尔（Brussels）TEDxKIDS活动授权。

图2.4 孩子们在参与设计网站和App

以及他们对产品内容和使用流程的预期。当然，千万不能把用户参与设计的结果直接用到设计中。即便如此，你还是会从中学到很多，尤其是孩子们是如何理解你早期的创意的。但是让孩子们参与之前，要明确告诉他们，他们的设计不一定会呈现在最终的网站或App中，否则当他们没有在最终设计中看到自己参与的设计方案时可能会感到失望。

在为儿童做设计的过程中，有一个重要的环节：制作功能原型，并在此基础上创建未来的App。这些早期原型的实现形式是多元的。比如，Toca Boca团队在敲定设计要求之前，一定会用硬纸板和从杂志上剪下的图片制作功能原型。在此阶段，做出有交互体验的原型十分重要，它可以帮助你模拟每一个系统流程。在具备实际功能的互动原型的基础上深化设计，比在静态的图片和屏幕上更具代入感，也更能催生新的想法。但凡有机会，我都会和一个开发工程师坐在一起共同设计交互方式和系统流程。两个人的脑子总比一个人强！

一旦觉得自己的设计基本能够满足孩子们的需求，就可以开始进行测评了。

测评

　　为儿童设计的产品需要经过迭代测评：即刻对设计进行评估，并根据需要调整设计或重新架构。我敢保证你的第一版设计一定会在某些方面显得十分苍白，原因很简单：和成年用户一样，这些儿童用户真正想要（或想做）的和他们口中说出的需求会有天壤之别。测评的真正用意是把你的功能原型摆在这些小用户面前，然后观察他们是如何使用的。你既可以拟定一些任务让他们完成，也可以让他们自由发挥，看看他们是怎么对待功能原型的。最终，你需要用一个可模拟功能的数字原型或App进行测评，以确保有效地覆盖所有需要的反馈点。

　　这个阶段还有一个十分迫切的任务：得到家长的认可。为儿童做设计需要面对一种独特的情况：使用者和消费者是不同的人群。Kix谷物零食公司有一句著名的广告语："宝宝测试过，妈妈批准了吗？"（Kid Tested, Mother Approved?）这句话很好地概括了这项任务的目标。我们期望在儿童测评的同时，也得到家长对设计的认可，以确保家长愿意为孩子下载这个应用。

　　现实中有很多完全不被家长认可的产品。我最近组织了一次工作坊，其中一位参与者（设计师兼开发工程师）有三个女儿，她抱怨孩子们玩的一款游戏"便便到处飞，呕吐物、鼻涕、腹泻物到处都是"。她觉得这类游戏很恶心。她想知道，作为设计师，如何既能满足孩子们的需求，又不会逾越父母（最终决定是否购买App的消费者）的底线。我把这一点称为辨别"家长反感底线"（parental threshold for the revolting, PTR）。比如，《为什么小朋友会便便》（Why Kids Poo）这个游戏就很可能越过家长反感底线了（见图2.5）。

图2.5 游戏有没有逾越家长的反感底线因人而异

我断定我4岁的女儿一定喜欢这个游戏。但是很遗憾，我不会让她玩这个游戏，因为我觉得恶心。在测评的同时，多花几分钟问问家长的意见，辨别出他们的反感底线。这时，你需要动点小心思，因为你肯定不能直接问："你对这个东西反感么？"这个问题只有两种答案：是或不是。应该通过几个更具体的问题来判断对方的PTR。根据我的经验，以下三个问题通常可以让PTR很快浮出水面：

• 你最喜欢这个App的哪些地方？你觉得你的孩子会最喜欢哪些地方？为什么？

• 你最不喜欢这个App的哪些地方？这些地方对你决定是否让孩子使用这个App有什么影响？

• 你觉得这个App有哪些地方需要改进？为什么？

可以通过家长的面部表情判断你是否已经越过了他们的底线。当然，有些人会笑着保持淡定，然后告诉你尽管有些内容触及了他们的底线，但他们还是会允许孩子们使用你的App的。千万别信以为真！保守一点没错。

我很难给出一个确定的数字，到底需要采访多少家长才能准确辨别出他们的反感底线。因为不同的家长认知也不尽相同，但你至少应该采访7个同年龄段孩子的家长并从中找出规律。

还要注意的是，PTR也会随着孩子年龄的增长而改变（可能上升，也可能下降）。凭我的经验，6~9岁孩子家长的PTR值高于任何其他年龄段孩子家长的PTR值。我猜想这可能是因为6~9岁的孩子最喜欢恶心的东西，这会导致他们的家长对这些恶心的东西感到麻木了。

本章思考问题

下列几个问题可以测试你是否掌握了本章所讨论的知识要点。

- ☐ 你是否了解儿童如何从玩乐中学习以及如何从学习中玩乐的?

- ☐ 你能否从以下四个方面解释为儿童设计与为成年人设计的区别:挑战(challenge)、反馈(feedback)、信任(trust)、变化(change)?

- ☐ 你是否知道统一性(consistency)、目的性(purpose)、意外性(surprise)和彩蛋(lagniappes)这四个因素对为儿童设计和为成年人设计的影响?

- ☐ 你能否分别详细描述为儿童设计框架中的4A流程:吸收(absorb)、分析(analyze)、架构(architect)、测评(assess)?

- ☐ 什么是PTR?如何才能辨别你是否越过了PTR?

恭喜你已经掌握了孩子们是如何学习和玩乐的,也熟悉了为儿童设计以及与儿童共同设计的流程。第三章会带你深入了解儿童发展和认知的基础理论知识。

第三章

发展与认知

Noah，3岁

认识现实就是构建几乎能与现实充分匹配的转化体系。

——让·皮亚杰

我们作为设计师，了解并掌握用户认知能力的基础知识是至关重要的。在为"正常"范围内的成年人做设计时，我们可以充分信赖他们的演绎推理能力、抽象思维能力、对通用标志和图标的理解能力以及他们对自己行为后果的预知能力，并根据这些进行设计。为儿童做设计时，一旦我们掌握了他们的成长速度，上述的种种能力也就有了参照。接下来，我们一起快速了解不同年龄段儿童的发育状况和认知能力，以便在讨论设计之前先达成理论共识。

皮亚杰的世界

瑞士心理学家让·皮亚杰（Jean Piaget）出生于19世纪末（见图3.1）。在巴黎完成博士后研究后，他就职于当地一所小学，分析儿童智力测试结果。在此过程中，他发现年幼的孩子们会重复被几类问题所困扰，但年长的孩子和成年人则能轻松应对这些问题。基于这些观察结果，他推断年幼的孩子的智商并不一定就比年长的孩子或成年人低，只是他们的思维方式有别于后者。于是皮亚杰开始专注研究这些认知差异，最终形成了他的认知发展理论，根据不同的年龄，将儿童的认知发展分为不同的阶段。

让·皮亚杰照片由MIRJORAN授权

图3.1

让·皮亚杰（Jean Piaget）

　　根据皮亚杰的理论，孩子在出生时处于感知运动阶段。所谓的"感知运动"，即通过身体的感官及动作获取经验，这个阶段的孩子"通过联系自身的动作与感知的反馈信息，开始形成对周围世界最直观的了解"，他们会经历几个阶段，最终发展到形式运算阶段（具备逻辑思维、抽象推理与换位思考能力）。《皮亚杰认知发展理论》详细阐述了不同阶段之间的差异。

阿尔伯特·爱因斯坦如此评价皮亚杰的理论:"极其简洁,唯有天才才能想到。"

皮亚杰认为,认知能力的发展过程是从对肢体动作的理解到对心理活动的理解的过程。他的理论以下列四个学习概念为基础:

- 图式(schemata);

- 同化(assimilation);

- 顺应(accommodation);

- 平衡(equilibrium)。

图式

图式(schemata)是指帮助婴幼儿认识并了解周围世界的行为模式。婴幼儿根据对物体实施的行为动作,明确该物体的作用和目的。图式的形成可以用一个最基础的例子来说明:吮吸反射。每当婴儿拿起一个陌生的物体,便会立即塞进嘴里看看吸起来有什么反应。这是婴儿尝试认识这个物体的方法。如果这与他图式中的乳房或奶瓶不匹配，就意味着这东西对他们没有意义。在婴儿不断获取经验的过程中，他们的图式也会不断发展，从吮吸发展到摇晃、扔放等。

在这个过程中，婴儿会不断加深和扩大对构成其世界的物体的理解和分类。

在虚拟环境中，我们有机会通过创造各种有趣的交互元素来进一步拓展孩子们的图式。在这些交互元素上可以进行点击、摇晃、轻触和拖曳等交互行为。这些行为有助于孩子们在早期学习未来常用的手势及交互方式。

同化

图式反映了婴幼儿如何通过身体与物体的互动并对其进行分类；而同化（assimilation）却是指当孩子们看见物体时，通过意识对他们进行分类的过程。一个婴幼儿，当他在出生后不长的时间里反复看见和使用奶瓶之后，只要见到奶瓶（或奶瓶图片），即使不用嘴巴尝试，也能分辨出这是一个奶瓶。

在唐纳德·A．诺曼风靡全球的著作《设计心理学》（The Design of Everyday Things）中，他用"可供性"（affordance）这个名词来形容物体传达目标用途的属性。这个概念需要在一定程度的同化（和顺应）的基础上才有效。例如，当你看到一个门把手，你会意识到要通过拧的方式开门，这是因为你小时候第一次握住门把手拧开门锁时建立起的图式中同化了门把手的属性。

婴幼儿能够从图式中同化知识，并以此掌握如何使用奶瓶、吸管杯等。同化和顺应两个概念密切相关。顺应是一个让人兴奋的概念，因为孩子们在这个过程中开始明白演绎逻辑。

顺应

顺应（accommodation）是指孩子们在对某个物体已经形成的同化分类的基础上进行调整的过程。

我个人最喜欢的关于顺应学习的例子是从我朋友Erin那儿听说的。这个故事说的是她和她的弟弟第一次去华盛顿史密森尼美国国家历史博物馆的经历。当他们走进博物馆大厅时，看到了一副巨大的长毛象骨架，Erin的弟弟指着它激动地说："大狗狗！！！"实际上，Erin的弟弟是将他眼前的视觉信息（长着四条腿的动物）同化为他接触过的四条腿的动物（即狗狗），于是他脑中的结论是他看到的肯定是一条狗。

当他的父母否定他的结论，并告诉他其实不是所有四条腿的动物都是狗，而在他眼前的这个巨大的动物其实是一种叫长毛象的史前动物时，他会在脑海中将此信息顺应成一个新的类别，即一只比动物园的大象还要大得多的长着四条腿和两颗长牙的巨大的史前动物。

平衡

这个概念指的是人们必须在同化和顺应之间取得的平衡（equilibrium）。在孩子逐渐成长的过程中，他们不得不学会在应用既得知识和学习新知识之间取得平衡。当他们成熟后，就能更好地顺应每个物体的多种变化，自然而然地，他们也就不再仅依靠物体的一两个属性进行归类了。当他们找不到已知属性对物体进行同化时，就必须发觉新的属性以顺应。

就刚才的案例而言，当Erin的弟弟在认知层面上更加成熟时，在看到所有不同种类的四肢（或具备其他各种特征的）动物时，他便能分辨这些动物是否已经同化在他脑海中的动物，如果这个动物是一个新品种，他就不得不开启顺应模式。

孩子们在成熟的过程中，掌握平衡往往是一个难事。我5岁的女儿深信车库里每辆黑色的轿车都是她爸爸的车。她现在也开始注意到我们黑色轿车上的现代标志了，因为她正朝着"平衡"模式在发展。

平衡对成年人而言也绝非易事！当你身处一个陌生的地方，看到某些特别的建筑或地标时，是不是也会觉得自己曾来过这儿呢？这是因为你的大脑正在判断它是应该将眼前的视觉信息同化到已经有归类中，还是应该将其顺应为一个新的类别。

认知发展理论

上述四个学习概念（图式、同化、顺应、平衡）构成了皮亚杰的认知发展理论。接下来，我们讲讲这个理论中提及的四个阶段：

- 感知运动阶段（sensorimotor stage）；

- 前运算阶段（preoperational stage）；

- 具体运算阶段（concrete operational stage）；

- 形式运算阶段（formal operational stage）。

在此有必要强调，皮亚杰的理论主要集中体现在认知发展上，但在为儿童做设计时，你还要关注情感发展、身体发育以及科技发展等因素。考虑到这一点，在本书的4~8章，我将认知发展的四个阶段以每两岁为增量进行拆分，以便更有效地解决处在快速发展过程中的孩子们多方面的独特需求。请记住，为3岁的孩子做设计与为6岁的孩子做设计大不相同，尽管他们都处于前运算阶段。

感知运动阶段：0~2岁

感知运动阶段是一个非常迷人的时期。因为处在这个时期的婴幼儿正通过他们的动作和行为开始探索周围的世界，并在其中找到自己的位置。在此有必要强调美国儿科协会（American Academy of Pediatrics）建议2岁以下的婴幼儿不要接触任何电子屏幕（包括电视机、计算机、平板电脑、手机等）。我也赞成这个观点，因为这些小家伙们还处在探索他们周围世界中的实物的固有属性。如果一个普通的纸板盒在他们手中都是一个超级有趣的玩具，那么屏幕上晃来晃去的五颜六色的图片对他们来说是不是多得有点难以承受了呢？我也不得不承认，如今要让孩子们在2岁前完全与科技产品隔绝，在现实中几乎难以实现。如果你正打算为2岁以下的孩子设计产品，请牢记以下几个关键点。

分离自我

宝宝在出生时相信周围环境中的一切事物都是与他们的身体相关联的。在感知运动阶段，他们开始意识到，事实上他们并没有和周围的物体绑定在一起，而且他们还能单独移动或操控这些物体。当8～9个月的宝宝意识到妈妈是一个单独的个体，而不是永远与他自身相连时，通常会开始进入分离焦虑期。

客体永久性

客体永久性（object permanence）是感知运动阶段的一个重要现象，因为宝宝们开始意识到周围的人和物会持续存在，哪怕这些人和物隐藏在他们的视线之外。这对宝宝来说是一个非常愉快的发现，于是他们能长期沉醉于躲猫猫的游戏中。不管是爸爸妈妈躲起来，还是宠物躲起来，或者把玩具藏起来，他们都能在此过程中乐此不疲。真的，任何东西拿个毯子盖起来都行（见图3.2）！当小宝宝们意识到了客体永久性时，之前的分离焦虑会开始减缓，因为他们知道，即使爸爸妈妈离开了，但他们也依然存在，而且不久后就会回来了。

躲猫猫（藏在纸板盒里），图片由OLEG授权

图3.2 宝宝意识到从眼前消失的东西依旧存在

早期具象思维

在感知运动阶段的末期，处在学步期的孩子开始使用脑海中积累的图式理解周围环境中的事物了，他们不再需要去触摸所有的东西了。

这个过程至关重要，因为他们开始通过视觉信息推理和学习，而不仅仅依赖于动作行为。这种现象通常发生在18~24个月的孩子身上。这也为他们进入下一个阶段（即前运算阶段）奠定了基础。

前运算阶段：2~6岁

前运算（preoperational）这个术语是由皮亚杰提出的，它专门用于描述正处于尚未理解具体逻辑且只能从自身的视角看待事物的儿童。孩子通常在2岁左右进入前运算阶段。特别是对父母而言，这是一个激动人心的发展阶段。因为孩子在这个阶段开始使用语言交流。即便有的孩子在这个阶段初期还不会说话，但他们可能已经能理解听到的一切了。这表明他们已经具备将词汇与实物关联的能力。

你会发现这是一个具有极大设计空间的阶段。因为这个阶段的孩子开始具备假想能力。鸡毛掸子可以变成魔法棒，浴巾可以当作披巾，盘子也可以成为方向盘……这些屁颠屁颠的小家伙们开始扮演不同的角色玩起过家家了，比如扮演妈妈、医生、海盗、消防员等角色（见图3.3）。

设计师们尤其需要仔细观察这个阶段的儿童，虽然孩子的语言能力在此阶段已经有所发展，但他们依然无法清晰地表达自己的思想和行为（这种情况会一直持续到成年期）。

这个阶段的重要特点主要包括自我中心（egocentrism）和守恒性（conservation）两个方面。

海盗游行，图片由MIKE BAIRD授权

图3.3
小家伙们开始沉迷于角色扮演游戏

自我中心

尽管前运算阶段的儿童已经具备了一定的假想能力，但依然很难从他人的角度进行换位思考，而且他们通常会以极度自我的态度对待生活。皮亚杰曾做过一个著名的实验，称为三山实验（the three mountain test），他让参与测试的孩子坐在三座玩具山的一侧，并在山的另一侧放置一个玩具娃娃；然后，他要求参与者画出玩具娃娃看到的山的样子。所有的孩子都画出了自己眼中山的样子，因为他们并不能意识到从玩具娃娃的

视角所看到的景象是不同的（见图3.4）。在本书第四章，我们会着重讲述在为这些孩子做设计时该如何处理这种现象。简而言之，你只要从孩子们的视角去展示所有信息就行了。这听起来很容易，操作起来却绝非易事。敬请期待！

图3.4

皮亚杰的三山实验证明了处于前运算阶段的儿童

只能从他们自己的视角看待事物

守恒性

由于处于该阶段的孩子尚不能进行抽象思维，因此，他们只能理解处于眼前的视觉信息。在皮亚杰著名的守恒实验中，他在一群孩子面前将同样体积的水倒入两个相同的容器中，然后再将其中一个容器中的水倒入另一个更细高的容器里。尽管孩子们都看到了整个过程，但他们都认为这个细高的杯子中的水更多，因为它里面的水看上去更满（见图3.5）。虽然这种认知会随着孩子们发展到下一个阶段（具体运算阶段）而很快改变，但它也给我们提出了不小的挑战：每一条视觉信息的呈现方式都要谨慎设计。

图3.5
前运算阶段的孩子
并不知道两个容器
中的水量是相等的

具体运算阶段：7~11岁

处于具体运算阶段的儿童能够对具体的想法或事件进行逻辑思考，但依然难以对抽象的概念或假设进行逻辑思考。这意味着他们开始逐渐理解标志所表达的意思，但依然很难以抽象思维推测意义。为这些孩子做设计会相对容易些，因为你不再需要完全依靠视觉信息，但这个阶段也有其特有的难点。例如，有些为成年人设计的标志和图标还是不能直接应用。因此，必须确保设计的界面在不能使用许多通用的符号和图标的情况下依然能够向这些小用户们准确传递使用信息（见第五章）。

该阶段的重要特点有：归纳逻辑（inductive logic）和可逆性（reversibility）。

归纳逻辑

皮亚杰发现处在具体运算阶段的儿童已经具备使用归纳逻辑的能力，也就是说，他们可以运用推理能力从具体的事实中概括出一般性原理。比如，当你推了你朋友一把，他生气时，你就会明白推别人会让他们生气。但这些孩子还不具备使用演绎逻辑的能力，换言之，当他们知道推了朋友一把后会使朋友生气，但他们还不能从中领悟到不应该去推朋友。

可逆性

尽管这个年龄段的孩子尚不具备演绎逻辑思维，但他们已经能够逆向思考他们思维中的信息归类。比如，某个小朋友可能知道他养的鱼叫搏鱼，那么他会明白搏鱼是一种鱼，而鱼又是一种动物。

形式运算阶段：12岁至成年

其实我们都知道该如何为处于形式运算阶段的用户做设计。这些用户就是我们再熟悉不过的成人用户了。这个阶段最主要的特点就是他们会发展出逻辑思维、演绎推理能力和解决复杂问题的能力。

为这个阶段的人群做设计需要考虑以下几个方面：逻辑（logic）、抽象思维（abstract thought）和问题求解（problem solving）。

逻辑

皮亚杰所说的逻辑指的是运用普遍的概念解决具体的问题。还记得中学里的代数课么？即使你对艺术和戏剧再感兴趣，你也逃避不了这些课程，这是因为代数可以锻炼你的演绎推理能力。或许你现在再也不需要解方程了，但是曾经通过解方程所培养出来的逻辑能力，你几乎每天都在使用。

抽象思维

对行为或决策后果的假设能力是我们成年人必备的生存能力。大约12岁的儿童开始发展这方面的认知能力。这表明他们不再完全依靠过往获取的经验来做决策。他们会更多地通过对各种选择可能产生的后果进行假设推测而作出决策。这些技能对于未来的规划是必不可少的。

问题求解

在进入形式运算阶段之前，孩子们通常会使用试错（trial-and-error）的方式来解决问题。但在形式运算阶段，他们可以依靠逻辑和演绎思维解决复杂问题。在为成年人做设计时，你通常会假设他们具备这些能力，除非你是为特殊人群做设计。

本章思考问题

下列几个问题可以测试你是否掌握了本章所讨论的知识要点。

☐ 你知道让·皮亚杰的认知发展理论是如何说明不同年龄段的孩子的认知能力的吗？

☐ 你能否解释以下四个支撑皮亚杰理论的主要学习概念？

- 图式（schemata）：辨认物体及其作用的行为模式。
- 同化（assimilation）：依据物理属性辨别不同的物体。
- 顺应（accommodation）：依据多重属性对物体进行分类。
- 平衡（equilibrium）：同化和顺应之间的协调与平衡。

☐ 你能否描述下列四个认知发展阶段？

- 感知运动阶段（sensorimotor stage）：0~2岁，婴幼儿开始辨别周围世界中的物体。

- 前运算阶段（preoperational stage）：2~6岁，孩子以自我为中心，且只能理解与他们自身相关的物体与概念。

- 具体运算阶段（concrete operational stage）：7~11岁，孩子开始应用归纳逻辑解决问题。

- 形式运算阶段（formal operational stage）：12岁至成年，儿童能够应用抽象思维和演绎推理获取知识。

在本书中，我们将会利用本章描述的原理阐释如何为不同年龄段的儿童做设计。下一章我们看看如何为处于前运算阶段早期的儿童（即2~4岁的儿童）做设计。

2~4岁儿童：
小小人有大期许

Emerson和Easton，双胞胎 4岁

我们必须教导孩子睁开眼睛去梦想。

——Harry Edwards

2~4岁的孩子是很迷人的。他们正从婴儿转变成小大人，逐渐形成自己的想法、爱好和个性。他们也开始尝试用语言表达自己的感受。为他们做设计是一件非常愉快的事，因为他们的脑海中还没有形成世界运行的普遍规律。

本章我们来谈谈如何为这群孩子做设计。我们一起来看看他们是谁，他们喜欢什么，以及如何创造匹配他们身体特征、情感特点和认知能力的体验。

他们是谁

表4.1描述了处于2~4岁年龄段的孩子在行为和想法上的关键特征。我们来看看这些特征会如何影响你的设计决策。

为该年龄段的孩子设计须牢记他们还处在刚开始了解如何使用新技术产品的阶段，对事物应该如何工作并没有建立任何期许。因此，面对这个群体，你的创造空间非常大，不过你依然有必要反思我们所熟悉的视觉设计和交互设计原理，以便设计出为他们量身定做的产品。

让我们逐个分析表4.1中的每一项，以了解这些元素所包含的意义。

创建清晰的视觉等级

处于该年龄段的孩子很难分辨出某个界面中的重要元素。他们会点击所有的东西，只想看看有什么反应。对他们而言，所有元素都是游戏的一部分。所以你有必要为不同的元素设置强烈的视觉区分，明确显示哪些元素可以互动，哪些元素不可以互动。

我们来看两个儿童动画片网站的案例。第一个案例是动画片《卡由》（Caillou）的官方网站，网站上的视觉信息等级明确，孩子能轻而易举地找到可点击的对象。第二个案例是动画片《芭蕾舞鼠安吉丽娜》（Angelina Ballerina）的官方网站，网站上的视觉等级并不明显，这给年幼的孩子们造成了不小的困扰。

表4.1 为2~4岁儿童设计的关注点

2~4岁儿童	这意味着	你需要
聚焦细节,而非全局	他们不能通过细节区分界面中多个主要元素之间的区别	为重要的交互元素创建明显的视觉差异,以便与次要元素区分开
每次只能通过一个特征(如颜色、形状等)为不同的元素排序	当出现太多的变量分散他们的注意力时,他们会无所适从	选择一组辨识度极高的元素(如色彩),并将其贯穿整个设计
只能用一个具体的元素或对象对应某个具体的功能	当鼠标指针经过某个元素时(rollover),若该元素会变大或发出声音,则他们会认为这是该元素的唯一功能,却并不知道还可以点击	为导航元素设计有限的动作反馈(例如,不要设置弹出效果,或不要发出声音)
只能区分屏幕中的二维信息,不能区分三维信息	屏幕中显示的所有内容在他们的眼中都是平面信息	使前景中的元素更清晰且具备更多的细节,并弱化背景中的内容
刚开始学习抽象思维	他们并不理解图标和标志(这些对我们成年人而言可以说是第二天性的东西)	使用极具代表性的图标来传达任务信息
使用声音来帮助他们识别熟悉的事物	混淆的声音会让他们感到困惑(例如,混淆使用警车的声音和救护车的声音)	确保你使用的每个声音都有特定的意义和明确的功能
正在逐步形成他们自己的个性	他们在2岁时开始形成自我意识,并完成性别认同(很早就开始形成)	在设计中允许用户进行性别选择,但不要强迫他们遵循某个特定的性别路径

在《卡由》官网上，孩子们可以从场景中选择某个元素进入迷你游戏。网站上的所有元素几乎都是同样的反馈方式，但只有用白边凸显的元素与迷你游戏相关联（见图4.1）。这个视觉区分非常明显，即便没有声音提示也很容易辨认。

图4.1中的玩具屋和小火车用白边显示，这表示点击它们可以启动不同的小游戏。而那些没有白边的元素（如地毯、书架等），鼠标划过也会触发相应的动画，但它们不会触发任何

图4.1 很容易看出带有白边的元素

额外的功能。孩子们可以根据这个区别很轻松地掌握启动游戏的方法。当他们回访该页面时，也记得如何操作。

需要强调一点：6岁以下的儿童往往只能将一个行为或动作与一个特定的对象相关联。例如，对平均为4岁左右的儿童而言，当他触碰到某个元素时，如果该元素会在屏幕上移动，他便会认为这就是该元素的唯一功能。因此，你应该在设计中明确具有导航功能的元素，让人一眼就能看出它们可以被点击，但又不能因过度花哨而降低其目标功能的辨识度。我们将在后面的内容里讨论其中的细节。

在《芭蕾舞鼠安吉丽娜》官网上，孩子们也可以通过点击教学楼中的窗户触发不同的活动，但让他们意识到这点却并不容易。用户只有将鼠标放在每个窗户上等待几秒，看看是否有一个弹出窗口，才能知道是否可以通过这个窗户启动游戏（见图4.2和图4.3）。这样的视觉层级对孩子而言是极其费解的，因为屏幕上所有的元素看起来非常相似，并且它们的重要程度看上去也很接近。

图4.2 孩子们必须将鼠标划过窗户探索启动游戏的方式

图4.3 弹出窗口是唯一的提示，可惜这个年龄的用户无法阅读

假如屏幕中可点击的窗户通过不同的方式去强调，孩子们理解起来会轻松许多。比如，窗户中的小老鼠在跳舞，或是穿着颜色更鲜明的衣服，或是比其他老鼠稍大些，孩子们都会明白点击这只特别的小老鼠肯定会带来一些特别的东西。从目前的网站上看，这些小老鼠的尺寸和颜色融入了背景中，很难让小朋友们注意到。

孩子还没有形成成年人所具备的视觉筛选能力。除非通过非常明显的视觉元素进行表达，否则孩子根本不能理解其中的信息层次。如果交互元素不够突出，孩子就需要通过试错的方式去学习，这就意味着你需要承担更多的转移风险，很可能导致用户流失。

克制使用明亮的色彩

设计师脑中普遍存在一个错误的观念，即儿童喜欢各种各样鲜艳的颜色。孩子们喜欢鲜艳醒目的东西是没错，但太多的颜色也会分散他们的注意力，让他们无所适从。2~4岁的儿童将大部分注意力聚焦于物体的细节而非整体，如果一个设计中包含了许多不同的色彩、阴影和材质，就会令他们摸不着头脑，不知该点击什么。

有个iPhone游戏叫《Smack That Gugl》（见图4.4），我们来看看开发团队是如何创造性地运用有限的色彩的。

图4.4

《Smack That Gugl》

只使用了少许明亮的色彩

《Smack That Gugl》的玩法很简单：在每个小人爆炸前拍扁它。这款游戏的设计者在整个界面中仅使用了五种颜色。干净的白色背景上放置不同的游戏元素，色彩鲜明，孩子们一眼就能看明白该如何互动。假如他们再多使用一种颜色（即便是同一色系的），视觉信息也会变得复杂，会增加孩子们的使用难度。年纪大些的孩子虽然会从色彩和质地上追求更强烈的感官刺激，但这个年龄段的小孩是不折不扣的极简主义者。

对于2~4岁的孩子而言，色彩是他们的预先关注变量（preattentive variable）。换言之，他们主观上会根据色彩为物体分类，而不是尺寸、形状和位置。其实成年人也是这样的，但不同的是，成年人有能力根据其他的因素对物体继续进行认知分类。

有个同类型的游戏叫《Smack Match Gugl》（见图4.5）。小朋友可以和电脑对战，在小人爆炸前将其滑至对方的场地。游戏设计者完全放弃了形状、尺寸和方位等元素，而是单纯地使用色彩来区分不同战队的小人。这种色彩区分大大减轻了小用户们的认知负担，因为他们可以轻而易举地辨别出自己和对方的小人。当然，这也能让他们在游戏中取得更多胜利，获得更大的成就感。

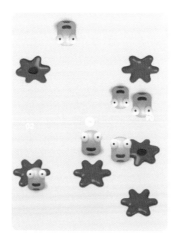

图4.5
《Smack Match Gugl》
运用色彩区分人物

为幼儿设计触摸式界面

2~4岁的幼儿是触摸界面最合适的受众。然而，这些孩子还不熟悉真实世界中运用的手势，因此为这些年轻的用户设计触摸界面也不是一件容易的事。比如说，这个年龄段的孩子会把捏（pinching）这个手势理解为：捡起一个小东西，或者冲朋友发火时做的动作，而不是将屏幕上的画面缩小。不仅如此，这些小孩依然有些笨手笨脚，很多细腻的操作对他们而言掌握起来还真不容易。

为幼儿设计触摸界面，你需要遵循下列原则：

• 用大幅度的操作手势替代细微的操作手势。尝试使用滑动（swiping）和抓（grabbing）的手势替代捏（pinching）和弹（flicking）。

• 放大屏幕上的元素以便孩子们更方便操作。这对小屏幕设备而言会有难度，你需要多做些测试，以确保孩子们的小手可以掌控这些视觉元素。

• 尽可能使用全手掌操作手势替代仅用拇指和食指配合的操作手势。5岁以下的孩子更喜欢用整个手掌滚动页面，而不是一个手指。

• 将导航控制（返回和前进）放置在屏幕的左下角和右下角。确保这些元素对这些并不灵活的大拇指而言足够大，点击起来足够容易。5岁以下的孩子分不清向左箭头和向右箭头的意义，但在适应的过程中他们会明白向右的箭头代表前进，而向左的箭头代表返回（至少在西方文化中是这样的）。

在实际生活中还有许多让孩子感到舒服的操作手势，如翻书或者用蜡笔在纸上涂抹。只要确保你选择的操作手势所象征的意义是孩子们已经知道的信息即可。

家长也是用户

像Gugl系列游戏这样可爱的游戏也有不尽如人意的地方，比如游戏中会时不时弹出信息提示用户登录游戏中心。对父母而言，把手机或平板电脑丢给孩子，很多时候是为了分散他们的注意力，比如在开长途车时或在餐馆用餐时。如果还要时不时帮孩子们关闭各种对话框或者处理各种问题确实会让人抓狂。更何况这些提示信息经常与用户的银行信息或个人隐私相关联，特别是有些游戏需要获取用户的Facebook账号信息、照片内容、位置数据或者让用户设置App内购许可。因此在为孩子设计App时，一定要考虑到家长也是用户，为家长设计一个可以一劳永逸的家长控制选项，让家长可以在其中控制音量、购买权限等，确保家长设定一次后再也不用为这些东西操心。

让屏幕元素匹配单一行为

去年我上门访问了许多2~3岁的孩子，我请他们向我展示最喜欢的玩具。大多数孩子都喜欢电子玩具，比如玩具电脑、玩具手机以及会说话唱歌的玩偶。我又让他们向我演示如何玩这些玩具，大多数孩子向我展示的是玩具的单一特点，比如按某个按钮时玩具发出的声音，或是他们挤压摇晃时玩具表现出的某个动作。

一些家长的反馈也很有意思。

Gabby的妈妈对我说："我们花了这么多钱为Gabby买了这个玩具平板电脑，但她只会在上面做一两件事，她喜欢按住有小鱼图片的按钮听它说'鱼'。她干脆把这个玩具电脑叫做小鱼机器。"

Leo的妈妈对我说："我爸妈给Leo买了这个玩具电脑，这个电脑本来是教孩子学习字母、颜色和单词的。里面有个按键一按下便会发出很大的喇叭声，这个熊孩子在这台玩具电脑上做的唯一事情就是按这个按键。我觉得他完全没有从中学到什么。如果你问我这个玩具怎么样，我觉得纯粹是浪费钱。"

这种将对象与单一行为相关联的倾向在数字化环境中也有体现。假如孩子的手划过屏幕上的某个元素时该元素发出声音或晃动，那么孩子们会想当然地认为这就是该元素唯一的功能，这为导航设计带来了不小的麻烦。

许多设计师以为要让孩子点击某个元素，那么该元素就需要吸引他们的注意力。我们看到许多导航按钮在手指划过时会显示高亮、移动或发出声音。不幸的是，这种方式只会减少孩子点击的概率，因为他们认为这些导航按钮唯一的功能就是显示高光、移动或发出声音。我们来看一个案例。

《老虎丹尼的邻居们》（Daniel Tiger's Neighborhood）是一部非常优秀的儿童电视短片。它的配套网站也很棒，上面有一些为4岁以下的儿童设计的活动和游戏。网站设计师在设计导航的鼠标划过（mouseover）动作时也没能避免上述问题。我们来看看图4.6中的Printables（打印）这个按钮：上图显示的是导航按钮的默认状态，下图显示的是鼠标停留在Printables按钮上时图标放大倾斜后的状态。

有趣的是，当孩子们在平板电脑上访问《老虎丹尼的邻居们》的网站时，单击导航上的图标会看到变化，但还需要双击才能打开该图标链接的页面。这进一步加深了他们对该图标用

图4.6 使用静态的导航按钮可以避免儿童混淆按钮的功能

途的误解：即用手指轻按某个图标时，唯一用途就是使图标变大并发生倾斜。

在一次儿童网站可用性测试中，我亲眼目睹了这种现象（后来也多次看到）。

我们普遍认为当鼠标滑过导航元素时，该元素跳出画面并发出一些可爱的声音。在测试中，孩子们看到、听到这些效果时确实会很兴奋，但他们却忽略了进一步点击该元素从而获取更多的内容。

如果你曾经觉得在导航中加入声音和动画是理所应当的，因为你并不相信孩子能理解你所设计的导航，那你可能真的需要重新斟酌你的按钮设计了。

73

明确区分前景与背景

　　婴儿能够区分三维实物是从5个月大左右开始的，此时他们的双眼开始同步工作。但要从一个平面屏幕中发现3D体验，却要等到5岁左右。因此，如何摆放屏幕中的元素，营造一种场景，并不是一件轻而易举的事。最好在前景（重要）元素上集中运用色彩和细节，而背景（次要）元素则用相对简单的形态和柔和的色彩来表现。切忌设计一个完全真实的场景。

　　图4.7中展示的是iPad版本的《Little Pim Spanish》这个App。你可以明显看到背景中的视觉元素不如前景中的大熊猫显眼精致，但这些视觉元素已经足够表现背景环境（比如可以从图中看出这是户外的草坪）。有限的细节可以帮助孩子们理解这些信息是不重要的。

　　我们对比下 《Handy Manny's Workshop》（见图4.8），这个界面在婴幼儿的眼中显得非常平，因为所有元素的精细程度几乎完全一致，工具盒中的主要人物形象与背景几乎融为一体。这会让孩子难以理解和区分前景与背景中的内容。这个界面看起来就会显得杂乱无章，小用户们也会无所适从，不知道该与什么元素互动。

图4.7 背景使用较少细节来突出前景中的重要元素

图4.8 背景细节过多，孩子们很难辨别如何操作

使用具象图形和图标

2~4岁的孩子还处在理解抽象思维的萌芽阶段。因此，成人常用的图标和图形可能会给他们造成困惑。3岁的儿童绝大多数都知道点击"╳"可以关闭窗口，向左和向右的剪头分别表示后退和前进。但这些行为都是通过学习掌握的，而不是通过直觉理解的。

当然，这个年龄段的孩子还不具备阅读能力，因此图片和图标就显得很重要。根据一般的经验和规律，如果你需要用一两个单词来解释某个元素的功能，就意味着该交互太复杂了。如果你能用一个有代表性的标志来传达你的意图，那表明你已经上道了。

小提示 保持简单

如果你的设计仍需要使用文字和语音提示，就意味着该设计对2~4岁的儿童而言过于复杂了。任何需要用文字来描述的地方，都应该重新进行设计。

　　尼克斯幼儿频道（Nick Jr.）网站上使用的图形和图标就很可能让许多小朋友困惑（见图4.9）。例如《花园小子》（The Backjardigans）的网页控制面板上显示的游戏图标为一个游戏手柄，将这个图标应用在此处并不合适，因为处在这个年龄段的孩子可能从未见过类似的游戏手柄，像任天堂和XBOX这样的游戏机的目标用户是高年龄段的孩子。使用一张小朋友玩平板电脑游戏的图片或许是一个更好的选择。如此，用户可以直接接受到与他们将要看见的内容相关联的信息。

图4.9 控制面板上的图标让孩子感到困惑

网站上播放视频的图标也会让人费解。小朋友们也许还不知道一个朝右的箭头表示播放。第二章曾提到，该年龄段的孩子只能从他们的视角理解事物。因此，他们需要的提示是观看视频，而非播放视频。虽然这两者的差异微乎其微，却十分重要。在这里使用电视图标会更好。

表4.2中列举了我推荐的通用图标。

表4.2　适合2~4岁儿童的图标

动作	标志	描述
打印		一张印有图案的纸张
喜爱／保存		爱心或星星
开始		手指指向某物
结束／终止		停止标志
分享		相互分享的两个小人
音量		耳朵及从中发出的声波，无声波＝静音，三条声波＝最大声

为儿童设计图标

本书第十章有一个演示如何为不同年龄段儿童设计交互界面的案例，该案例是我设计的一个视频播放App。在此练习中，我想使用一系列图标来表达不同的主题。结果这比我预期的要难很多，因为我经常需要用一些具体的图像来表达抽象的主题（如交流）。插画师Shelby Bertsch和我搭档共同设计这些图标。我们反反复复琢磨了许久，要找到合适的图片表达我想要表达的概念真不容易。请看下面几张图是如何表达相关的主题的：

动物　　艺术　　图书与作者　　交流

电脑　　酷炫工具　　数学

新科技　　物理　　运动　　故事时间

古怪的动物　　世界文化

这些图标对你而言或许并不直观，那是因为你已经具备了抽象思维能力，而且你已经适应了界面设计中的通用标志。4岁以下的宝宝更容易理解这种图标。

其中有些图标（比如爱心和停止标志）也用了抽象的图形，而不是具象的行为表达。那是因为小朋友们在很早的时候就已经学习了这些标志，并将其同化于他们自己的认知范围内。你在选择图标时，也需要好好考虑这方面的因素。当然，最终所有的设计都需要在测评环节通过儿童的反馈进行评估，从而帮助设计师做出决策。

使用明确的声音提示

不少设计师以为在给儿童设计的方案中，所有元素最好都能发出声音。虽然这些小用户确实喜欢声音反馈，但也需要掌握好其中的度。声音的作用是交流、提示与指导，而不是哗众取宠。最好制定一些特定声音类型的设计规范并坚持执行，而不是让各种声音到处乱窜。记住，这个年龄段的孩子只具备关联单个反馈与动作（或元素）的能力。

在交互界面中运用声音需要策略。首先，定义你需要使用的声音类型，然后斟酌每个声音类型对应的单一使用方式。表4.3中所列举的清单或许可以帮助你规划如何定义声音类型。

表4.3 声音样本清单

声音类型	描述	使用方式
画外音	简明扼要的角色配音，每个句子不要超过五个词语	指示/说明/邀请（如"触摸小球开始游戏"）
音乐	简单（1~2秒）、欢快、连续的曲调	开始/完成某个任务（如获得胜利、开始新的任务、离开某个虚拟空间）
嘟嘟声（beep）	快速单次播放的嘟嘟声	"时间到"或"再玩一次"
门铃声	大声的"叮咚"声	有新的角色或元素进入屏幕
咔哒声（click）	简短、柔顺、单次播放的咔哒声	用户行为（如移动某个游戏元素、按下某个按键或选择某个导航元素）

　　如果计划要运用更丰富的声音，则需要在此基础上制作一个更细化的清单，增加声音特征、对应元素、指定动作等。在设计早期定义声音设计规范有助于确保声音运用的统一性与恰当性，让小用户更快掌握用法。我们来看一个案例。

　　《赛哥迷你声音盒》是一款为学步儿童和学龄前儿童设计的App。这款App的特别之处在于孩子不仅可以与屏幕中的图片交互，更能与整个设备进行互动。如此特殊的交互方式可以同时培养孩子的粗放运动能力和精细运动能力，同时还能让他们学习一些基础的物理概念。游戏的设定很简单：首先选择一个声音类别，点击屏幕后会出现发出不同声音的彩色小球，小朋友可以移动这些小球，当小球被敲碎时会有各种可爱的小动物出现。摇晃、甩动转动电子设备可以制造出各种元素组合在一起的声音。这些小球会随着用户的动作旋转或反弹。（意外的是，这款游戏也让不少中年人着迷。）

《赛哥迷你声音盒》是一款充分利用声音的游戏，它的声音提示设计得非常棒。事实上，做好声音提示是极其不易的。设计师非常好地区分了游戏系统声音和孩子们通过游戏创造的声音（见图4.10）。设计者将系统声音限定在几个核心功能上（添加彩色小球、打开彩色小球、点击动物），让孩子们用App创造剩下的声音。App中并没有多余的声音用来提示选择声音类型或返回主菜单，系统只用了极少的辅助声音，让孩子们沉浸在游戏中。

游戏的主菜单没有任何的语音或文字提示，做得非常好。打开App会播放一首欢快的歌曲，让孩子们知道App正在运行，只等他们开始游戏。点击菜单上的图案不会发出任何声音，而是直接引领孩子们进入下一个画面，其中会有一个可爱的卡通动物带着一个球出现（见图4.11）。

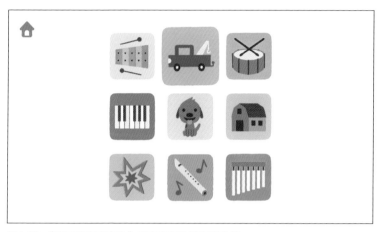

图4.10 《赛哥迷你声音盒》用声音表达进程和功能

图4.11 运用动画向小用户介绍会发声的球

小朋友可以点击屏幕任何位置添加球。主菜单中有多种声音元素可以选择，如打击乐器声、钢琴和弦、犬鸣声、鸟叫声、动物声、汽车声和卡车声等。只要电子设备动一下，屏幕上的声音彩球就会随着移动，并发出一连串杂乱却又美妙的和声（见图4.12）。

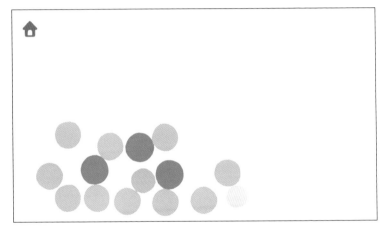

图4.12 《赛哥迷你声音盒》有助于培养孩子的精细运动能力

除了清晰的声音提示外，游戏推崇的以探索和发现为核心的玩法也是它大受欢迎的重要原因。虽然App设定了一定的流程和规则，但这种非线性的玩法使得任何交互都能带来视觉和听觉上的反馈。

这款游戏还有一个美妙的地方：全世界的孩子都可以玩。其中运用的声音无须任何语言或文化背景去理解。

性别差异：支持，但不强迫

孩子在大约2岁时开始辨识自己的性别。在此年龄段，某个原本喜欢玩中性玩具（如积木和小球）的小朋友可能会开始喜欢帮玩具娃娃化妆，或开始迷恋超级英雄和汽车。神经学家Lisa Eliot在其著作《粉色大脑，蓝色大脑》（Pink Brain，Blue Brain）中是这么解释的：性别辨识上的差异最早来自婴儿大脑中的能力差异，而后在成长过程中受到了成年人的不断强化。例如，男孩大脑中的某些空间推理能力比女孩更早发育；而女孩比男孩更早学会眼神交流，她们的换位思考能力和交流能力也比男孩早熟。结果就是男孩更擅长数学而女孩更贴心。

大约2岁的孩子开始形成他们自己的性别行为规则（例如，男孩喜欢蝙蝠侠，女孩喜欢灰姑娘）。

那么这和设计有什么关系呢？如果你要设计一个同时吸引不同性别孩子的网站，你需要确保在空间推理能力和交流探索能力两方面保持平衡。要么坚持使用中性元素，要么使用相对平衡的男性角色和女性角色。如果有可能，使用非人类角色会是一个不错的选择，就像迪士尼电影《丛林历险记》（Jungle Junction）那样（见图4.13）。

虽然这些动物也有性别差异，但他们的行为并非完全受性别限制。这样设计的好处是可以让孩子们根据个性特征认识自我，而不会让固定的性别行为模式限制他们。

图4.13　迪士尼电影《丛林历险记》中运用的动物角色

"专家"观点：关于性别和身份

2009—2010年我做了一系列的用户研究，从孩子们那里听到了许多有趣的见解。

我："你裙子上的人是谁呀？"

3岁的Sydney："嗯，（停顿了一会儿）Ryan有一件超人的T恤，我有一件白雪公主裙子，因为我是女孩，公主也是一个女孩。"

我："那超人是什么啊？"

Sydney："超人是一个男孩儿。（停顿了一会儿）超人很搞笑。我喜欢白雪公主。"

我："你从电脑上看到了什么？"

4岁的Connor："嗯，一辆车，是蓝色的。"

我："你猜你点击这辆车以后会发生什么？"

Connor："它会开得很快！我喜欢车开得很快。我的朋友都喜欢。"

我："谁是你的朋友？"

Connor："我的朋友有Ryan和Tyler。（停顿了一会儿）Lily也是我的朋友。她喜欢粉色的车。"

我："Lily还喜欢什么？"

Connor："她是一个女孩。她喜欢粉色、花，还有洋娃娃。"

我和他们的父母也进行了一些谈话，大多数父母告诉我，起初他们并没有为孩子选择特定性别的玩具，直到2岁左右，孩子自己提出要买的要求。

Ava的母亲："我从未真正想过这些。我猜想我们是最近才开始给Ava（2岁）买一些公主的玩具。她刚出生的时候，我们也买了一些洋娃娃，但是她似乎对玩具熊更感兴趣。几个星期前，她在一个朋友的生日派对上看到了一个洋娃娃，自那以后，她便一直想让我给她买一个，于是我们在圣诞节给她买了一个。2岁生日的时候，我们送给她一件美人鱼的睡衣和一条白雪公主的裙子。"

Connor的母亲："我们尽量不在家里摆放有性别倾向的玩具。我们不希望让Conner觉得因为他是一个男孩，所以他必须玩汽车和消防车玩具。但现在他特别喜欢蝙蝠侠和超人。这一切好像都在我们的控制之外。"

本章思考问题

为2~4岁儿童做设计，请考虑下面几个问题。

你的设计是否考虑到以下方面？

- ☐ 是否清晰地凸显出互动的元素？
- ☐ 是否只用了少许颜色？
- ☐ 是否应用了静态导航（在点击之前没有任何反应）？
- ☐ 前景元素和背景元素的区别是否清晰可辨？
- ☐ 是否应用了具有代表性的图标？
- ☐ 是否谨慎地使用声音传递设计的功能和意义？
- ☐ 是否忽略了和孩子有关的性别因素？

下一章我们一起来看看稍大的孩子在认知和行为上的转变，并探讨如何为他们做设计。

研究案例分析：Noah，3岁

最喜欢的App：《乐高迷你玩偶游戏》（LEGO Minifigures Game）

Noah是一个十分可爱的小男孩，对6岁哥哥所做的一切都十分崇拜。每当哥哥开始玩乐高积木时，他都跃跃欲试。但乐高积木太小，他还不能很好地控制自己的动作而拼出具体的东西来。他在玩大号的得宝（DUPLO）积木时很享受，但他现在还不能集中注意力一次玩几分钟。

Noah的爸爸为他下载了一些乐高主题的游戏。Noah很快被其中的迷你玩偶游戏吸引了。这个游戏需要他将迷你玩偶的不同部位拼在一起，还可以搜集全系列的迷你玩偶。Noah喜欢游戏中的大按钮和声音，当然，他最喜欢的是混搭各种迷你玩偶（见图4.14）。

图4.14

用《乐高迷你玩偶游戏》混搭角色

Noah在玩耍时还不能流畅地回答我的问题。但当他向我展示爸爸的iPhone时，嘴里不停地念叨着："系列！系列！"我一开始并不清楚他在说什么。接着他快速找到App并打开，然后向我展示他是如何创建迷你玩偶的。当他正确地拼出一个玩偶时（见图4.15），他分别将角色页面和系列页面（里面搜集了迄今为止他正确拼出的所有玩偶）展示给我看。

他自豪地说："这是我的系列。这些都是我的人！"

图4.15
Noah喜欢搜集迷你玩偶并将它们保存起来

在与Noah相处的时间里，我得到的设计主题是发现、创造、试验，而成就感远远居于次席。他喜欢玩iPhone并创建好玩的角色。他知道这款游戏的目标是在系列中增加新角色，但和大多数2~4岁的孩子一样，他只对玩耍本身感兴趣。

行业访谈

Emil Ovemar
托卡博卡联合创始人及游戏制作人

Emil Ovemar是托卡博卡（Toca Boca）游戏工作室的联合创始人及游戏制作人，该工作室专门为儿童开发数字化玩具。托卡博卡自2010年创办以来，已经发行了17款游戏，其中不乏获奖作品：《托卡茶话会》（Toca Tea Party）、《托卡厨房》（Toca Kitchen）和《托卡机器人实验室》（Toca Robot Lab）。他们的新作《托卡小裁缝》（Toca Tailor）更是获得了由iKids颁发的"6岁以上儿童最佳游戏App"奖项。Emil和他的妻子Frida以及两个孩子Abbe和Annie共同生活在瑞典的斯德哥尔摩。

作者：我非常喜欢"数字化玩具"这个概念。你是如何想到这个概念以及创办托卡博卡（Toca Boca）的？又是如何下定决心专注于这个领域的？

Emil：2009年，我和同事Bjorn Jeffery还在瑞典传媒公司邦尼集团（Bonnier Group）工作，那时我们的职责是为当时已有的传统媒体（如杂志和书籍等）设计、制作原型。但我们想做些创新的东西。我们问自己：人们愿为什么样的东西买单？当我们谈到为孩子设计时，我非常激动，因为我有两个孩子（当时一个5岁，另一个3岁），而且我正好在琢磨如何让这些新科技介入她们的生活。家长愿意在教育性的玩具和课程上花钱，我觉得这是一个机会，既可以做一些自己感兴趣的事，又能让孩子们受益。

我一直对数字娱乐很感兴趣。我做了一些关于如何吸引孩子的关注的研究后，发现当时已有的产品并不合格。当时大部分为孩子开发的App不是简单的游戏，就是一些直接的经验指导。我观察到我的孩子拿着我的 iPhone 时，她们不会去寻找特定的游戏，而是把手机本身当作一个玩具。她们喜欢手机中按钮发出的声音和屏幕切换时的动画效果。于是我就想，为什么我们不能创造一些她们可以玩的游戏呢？为什么不能把手机这个科技产品直接做成玩具呢？

这个想法引导我探索一种新游戏，最终我尝试利用触摸屏创造了一种新型的玩法。《托卡乐队》就是在这样的探索中诞生的（见图4.16）。

图4.16

《托卡乐队》让孩子们用一种意想不到的方式创作音乐

作者：你们的游戏灵感是从哪儿来的？你们是如何决定开发一款游戏的？

Emil： 我们会从一个宽泛的概念和主题出发，然后定义该主题中可以实现的游戏机会。就《小小发型师》（Toca Hair Salon）来说，虽然与理发店直接相关的是时尚和美，但我们会专注于和头发互动时所能产生的乐趣（见图4.17）。

图4.17
《小小发型师》让
孩子们用头发来做
些有趣的事情

我们创建了一些拥有不同发型的角色，然后列出和头发相关的活动，如剪发、染发、洗发、削发等。我们把精力集中在如何让这些小的交互尽可能好玩。宽泛的主题只是获得游戏概念的一种方式，而与主题相关的细节才是决定好游戏的关键。

作者：你们在游戏设计开发流程中是如何让孩子们参与的？你们通常会组织哪些用户参与式的设计活动？孩子的参与对你们设计游戏有多大影响？为什么？

Emil：我们设计的全程都会有孩子参与。在开始阶段，定义好主题和概念后，我们会为前面提到的小交互制作原型。我们通常使用白纸，有时也会在纸板上写些字，然后把这些原型摆在孩子们面前，观察他们的反应。如果他们没有反应，我们会反思需要在哪些方面做出调整，有时是主题上的调整，有时是交互方式上的修改。

有时我们也会把一些实体的玩具放在孩子面前，观察他们并提出一些问题。在开发《托卡火车》（Toca Train）这款游戏时，我们就把真实的火车玩具交给孩子们，然后观察他们是如何互动的，尤其是他们尝试的一些不同寻常的玩法。我们不断地问自己，有哪些玩具制造商忽略的东西可以通过数字产品实现？该如何打破传统的束缚以便孩子可以做更多有趣的事情？

开发《托卡茶话会》的过程中有一个典型的例子。我用纸片剪出了一些茶杯、盘子和器皿，把它们放在我两个孩子面前。我想了一堆在真实茶话会上可能发生的有趣的或者意外的事情。在倒果汁时，我会故意溅出一些，孩子们特别喜欢。这些观察让我开始思考如何将这些有趣的意外融入游戏体验中去。孩子们很容易发现这些意外，这主要归功于他们对细节的观察能力。

作者：为成年人设计和为孩子设计最重要的区别是什么？

Emil： 为成年人设计应用时，我们通常认为用户带有一定的目的性。比如，有些成年人游戏可以帮助他们改变某种行为，或者在一个游戏化的环境中赢得奖章。很少有成年人是为了纯粹玩耍和快乐玩数字产品的。我认为这是最重要的区别。孩子们通过游戏学习、交流和成长，而成年人却往往需要一个更大的目标驱使他们去玩游戏。

另一个区别是，为孩子设计时，游戏中的交互反馈很重要。成年人希望在他们做了错误的操作或者确认某个正确的行为时才得到提示。小朋友却希望做任何事情都得到反馈，他们喜欢有好玩且意外的事情发生。成年人并不喜欢这些意外。对App中障碍的看法，这两类用户也截然不同。成年人反感障碍，他们喜欢尽可能直截了当地完成任务。而小朋友却喜欢一些小小的障碍和挑战。对孩子而言，即便是倒果汁或堆箱子这样的活动，他们也都期待有一些冒险元素，而成年人只希望简单地完成任务。

CHIMASEBASTIA

4~6岁儿童：
混乱的学龄前

Sebastian，4岁

智者享受难得的糊涂。

——Roald Dahl

我把处于4~6岁年龄段的孩子称为混乱的学龄前儿童（the "Muddy Middle"）。因为他们正好处在可爱温顺的幼儿园小朋友和精明老练的小学生之间。他们已经不适合玩那些为学步儿童设计的游戏了。可他们仍然不能大量阅读，因此也常常对那些为更大孩子设计的游戏和网站感到困惑。不幸的是，专门为这个年龄段儿童设计开发的数字化产品非常少。这些小朋友的特点很不明确，但他们已经掌握了不少的知识，充满想法和创意。

4~6岁的儿童和2~4岁的儿童一样仍处于前运算阶段，但由于他们的认知能力、运动能力和情感能力都处在一个特别的阶段，因此给设计者带来了不小的挑战。

他们是谁

表5.1描述了处于4~6岁年龄段的儿童在行为和想法上的关键特征。我们来看看这些特征会如何影响你的设计决策。

4~6岁的儿童已经掌握了一些有关行为、交流和游戏的规则。他们会尝试用各种方式改变规则或打破规则。他们对生活中的限制了如指掌。生气的爸爸妈妈、破损的玩具、不开心的朋友已经给了他们很多教训，但他们还是不会放过任何机会来试探这些规则的底线。数字化环境为孩子的这些行为提供了一个绝佳的施展空间，他们可以在这里挑战那些规则，进一步了解周围的世界。

社交化

为成年人设计社交产品要考虑用户与他人之间交流互动的体验。为儿童设计社交产品也一样，只是在这里"他人"并不一定是其他用户，甚至不一定是人。总之，要让孩子感受到社交体验。作为玩家和参与者，他们要能在这种社交体验中观察和理解与他们互动的角色。4~6岁年龄段的儿童已能理解个体差异、个人感觉和个人想法，这些东西会让他们感到兴奋。在用户体验和与用户直接交流的过程中展示这些差异，不仅能够自然地引入社交元素，还能为交互体验增加额外的深度。

表5.1 为4~6岁儿童设计中的关注点

4~6岁儿童	这意味着	你需要
能换位思考	他们开始站在别人的角度看待事物	即便孩子们没有真正与他人交流，也要让交互具有"社交感"
对世界充满极强的好奇心	他们对学习新思想、新行为和新技能越来越感兴趣，然而，一旦学习过程过长，就会让他们产生挫败感	在你创建的任务和活动中为它们设置一些可实现的目标。提供情景化的帮助和支持，让孩子们更轻松地处理信息
注意力极易转移	他们有时很难坚持完成任务或活动	设计简短的任务，提供奖励。在每个里程碑后及时提供反馈和鼓励
想象力极其丰富	相比于按部就班地完成某个任务或活动，他们更愿意用他们自己的方式来解决	将游戏规则定义得越简单越好，留给他们更多创新、自我表达和编故事的空间
记忆功能逐步增强	他们只要观看某人的演示后，就能回想起一些复杂的顺序	设计多步骤、多目标的游戏和任务，例如触摸红色的星星和绿色的苹果可以获取不同的分数

要让产品体验具有社交感，只需使用第一人称的视角就能轻松实现。当游戏中的角色、元素和指导信息直接与儿童对话时，他们会更容易产生共鸣并将自己融入其中。

我们来看一看苏斯博士（Seussville）这个英语学习网站。设计师在角色选择器中设定了多个独特又生动的角色。苏斯博士书本中的每一个角色都会通过一条神秘的传送带滑入屏幕，用户可以从中选择一个自己喜欢的角色开始游戏（见图5.1）。

图5.1 苏斯博士使用第一人称视角向儿童展示内容

　　这个角色选择器可以让孩子们与每个角色"相遇"并建立关系，提供了极好的社交体验。孩子们可以控制屏幕，从第一视角观察每个角色之间的视觉差异和性格差异，这就好像他们在现实生活中遇见其他的小朋友。

　　用户选择某个角色后，屏幕右侧的下拉菜单中会出现引语、图书清单和角色介绍。同时，左侧的下拉菜单会显示与这个角色有关的游戏和活动（见图5.2）。

　　这种社交体验通过网站上的大部分游戏得以延续。比如，当用户从大象霍顿（Horton）的活动清单中选择了"霍顿听到了一首曲子"（Horton Hears a Tune）这个游戏后，就可以在霍顿鼓励的眼神下，运用乐器创作一段美妙的音乐（见图5.3）。然后，用户可以保存创作的曲子并分享给其他家庭成员和朋友。

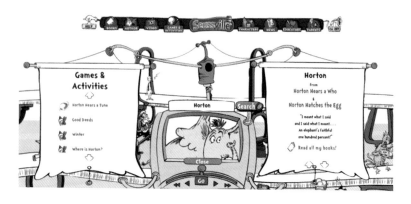

图5.2 虽然孩子们并未真正与他人互动，还是体验到了很强的社交感

图5.3 小朋友可以自己创作并分享音乐

在游戏中学习

设计师很清楚，让用户离开正要完成的任务去寻找帮助不如在用户需要时为其提供帮助。这点对4~6岁的儿童而言尤为重要，因为他们正处于一个好奇心极强的时期，他们渴望立刻明白所有事情存在的原因和运行原理。如今的孩子并不像前几代人一样对学校持有反感心理，他们的学习欲望非常强烈，巴不得尽可能多地吸收信息。

造成这种学习态度转变的原因可能是因为如今的学习方式比过去更丰富、更具实践性和创新性，也有可能是因为计算机、平板电脑等电子化教育工具使得学习本身越来越有趣。

尽管如此，这些小朋友依然缺乏耐心，无法长时间坚持学习。你需要为他们提供简短的指导，帮助他们快速、简单而有趣地完成学习。

《恐龙国际象棋》（Dinosaur Chess）这款App在教学结构和即时帮助两个方面做得很不错，能帮助孩子们快速学习国际象棋（见图5.4）。App启动后，孩子们可以选择想要参与的内容。恐龙国际象棋不仅是一款下象棋的游戏，孩子们可以参与学习课程，查看他们的学习进程，还可以参与"恐龙战斗"！

图5.4 《恐龙国际象棋》为用户提供了多种学习机会

      游戏的主菜单页面是一张寻宝地图，将各种活动联系起来，这是一个很好的设计。寻宝地图中有一条并不明显的游戏路线（大一些的孩子通常会遵循这条路线进行游戏），但孩子们完全可以忽略它进行自由探索。这个设计是为那些不喜欢循规蹈矩的孩子量身定做的。它既有流程，同时又允许用户偏离流程自己探索。

      孩子在选择了学习选项后，会进入学习界面，有一只慈祥的恐龙温和地讲解国际象棋的规则和原理（见图5.5）。由于这

图5.5 《恐龙国际象棋》的简短的教学课程

个时期的孩子还在学习阅读，因此设计师运用语音讲解的方式，而不是文字说明，这个方法很有效。

为了便于孩子学习，设计师将学习内容拆分为简短而易于操作的小课程。4~6岁的孩子可以逐一掌握，循序渐进。孩子们也可以在课程学习之后尝试不同的下法，这对通过观察和实践学习的小用户十分有效。

如果这款App是为成年人开发的，那么这些课程可以适当地加长，同时也可以加入一些文字解释。因为听和读相结合的方式对成年人而言最有效。但对于注意力范围和学习欲望有限的小用户而言，简短的语音配合动画是再好不过的教学方式。

我喜欢恐龙国际象棋在游戏中学习的体验。任何时候，孩子们都可以点击"？"按钮寻求帮助。许多网站和App采用弹出窗口显示帮助信息，而这款游戏只用了一些简单的动画和声音提示告诉小用户下一步该怎么走（见图5.6）。

图5.6 用动画和语音提供情境式的帮助

小提示 切勿降低难度

为这个年龄段的群体做设计时，千万不要掉入降低难度的陷阱。孩子比他们一开始表现出的要精明得多。他们已经具备解决相对复杂问题的能力和非常不错的归类能力，也掌握了一定的词汇量。同时，他们也对科技产品习以为常。虽然他们看起来对低年龄段的儿童游戏更感兴趣，但他们其实已经为更复杂的交互做好了准备。

反馈和强化信息

和4~6岁儿童打交道的设计师都知道，这些小用户不能长时间保持注意力集中。年龄越小的孩子表现得越突出。6岁及以上的儿童更专注，因此在相同的时间内可以吸收更多的信息。在这些低年龄段的用户身上可以发现一个有趣的现象：他们会对不能专注的自己感到烦恼，而这种烦恼最终会映射到产品的体验中去。

设计师对这种现象的常规反应是："那我就开发一款特别有趣的产品，让他们自己想玩得更久"。但这并不现实。更好的解决方式是设置相应的反馈机制，鼓励孩子们继续游戏。

下列几种方法可以帮助孩子们专注于某项特别的活动。

减少令人分心的元素　面对儿童用户，设计师往往希望屏幕上的任何元素都有互动功能，但如果想让4~6岁的儿童专注完成某个任务（如完成一副拼图或一个游戏），那么最好将不相关的功能去掉。

切分任务　为4~6岁的儿童做设计，最好将所设计的整体任务拆分成他们能掌握的小任务。多个简单清晰的步骤好过少数冗长的步骤。成年人用户在完成某个任务时希望步骤越少越好或在一个下拉滚动的屏幕中直接完成；但这些学龄前儿童更喜欢完成某一个步骤，然后进入新的页面开始一个新的步骤。

奖励机制　在每个小任务完成后给予用户一定的反馈，可以让用户继续保持下去的动力。如果条件允许，我建议最好使用综合性的反馈机制，让用户在完成任务的过程中发现一些令他们惊喜的元素。

关于输和赢

从大约4岁开始，孩子们就开始明白输赢意味着什么，他们会因为输而感到焦虑。20世纪80年代末，一部分家长和教育工作者觉得让孩子们更晚接受输赢的概念是一个不错的主意，于是他们在孩子们的周末运动会上取消了积分制度，而且在游戏和竞技项目中更多地强调了和谐的概念。然而，许多案例都表明，这样的尝试事与愿违。当初的这批孩子（如今的年轻人）已经不再"赢"了（比如，他们不能顺利进入渴望的大学，不能找到自己想要的工作）。这是因为他们现在已经没有再次尝试的动力了。

造成这种困惑的原因是我们成年人太过看重输的负面体验，并将这种想法嫁接在孩子们身上。如果我们将输界定为一种可以接受的结果，并将它转化为继续尝试的动力和学习的机会，那么对孩子们而言即使是输了，也比我们假装输这个概念不存在要强。

下面几个创意可以在数字化产品中让输或错变得更加有趣：

- 播放有趣的声音（想象一下悲伤的小号声）。

- 展示一段搞笑的小动画。

- 创建一个简单的亚军游戏，例如一些简答的多选问题。

- 告诉孩子他们表现出色的地方。

最重要的是，要经常地、不断地提供再次尝试的机会。孩子们都会强烈地认为"下次我会做得更好"。

形式自由

那些规则简单、形式自由开放的游戏为孩子们提供了许多偏离规则的机会，这对4~6岁的儿童有着极强的吸引力。可一旦孩子过了7岁，这种现象会产生戏剧性的变化。7岁以上的孩子会变得十分拘泥，需要一定层面的结构框架才能让他们感到舒适。然而，对于4~6岁的儿童而言，他们更喜欢打破规则、挑战底线，因此数字化的环境为他们提供了绝佳的施展空间。

Zoopz.com网站上有一款绝佳的制作马赛克图案的游戏。孩子们不仅可以在现有马赛克画面的基础上强化设计，也可以从头开始，创建他们自己的马赛克图案（见图5.7和图5.8）。

《Zoopz》妙在不需要做任何说明，孩子们就能马上创建马赛克图案。这很重要，因为年幼的儿童往往没有耐心听详细的指导说明，如果他们在开始游戏之前就已经感到困惑，那么很容易将注意力转移到其他事物上。这种现象在4岁和5岁孩子身上最典型，他们一旦不能马上明白网站或App的功能，就会立刻将其关闭。因此，如果你要设计一款自由探索式的游戏，就要确保它具有很好的自由度并且不需要太多的说明就能让孩子们上手玩。

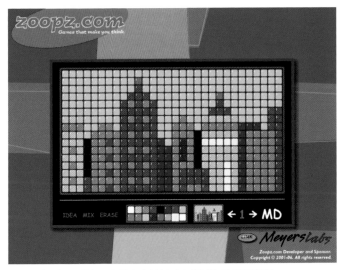

图5.7 孩子们可以在已有马赛克的基础上尝试各种规则限制

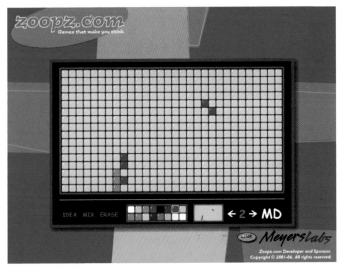

图5.8 孩子们也可以创造他们自己的设计

关于开放探索或创造式游戏还有一点需要强调：如果你希望设计和《Zoopz》类似的游戏，别忘了在游戏中设置打印或保存功能。唯一让孩子们觉得比自由创作更有趣的事是将作品展示给他人。《Zoopz》的缺陷便在于此：游戏没有分享功能和打印功能。这个特征对大一些的孩子更重要，我们会在第六章中详细介绍分享、保存等功能。

挑战性

对于四五岁的孩子而言，说他们幼稚是对他们最大的侮辱。他们已经是大孩子群体中的一分子了，他们不喜欢感觉到自己在玩低年龄段儿童的游戏。不幸的是，我们很难准确界定幼稚的真正含义，因为不同的孩子对其定义都不同。但凭我个人经验而言，孩子们通常会称那些难度不高或挑战性不够的游戏是幼稚的。大约4岁的儿童，开始展示出他们更强的记忆力和更复杂的运动技能，因此增加一些多步骤的游戏和任务足够让他们忙活一阵子了。

设计师往往会本能地希望用户可以迅速掌握自己的设计。但如果你是在为小学生做设计，最好还是摒弃这种思维。虽然孩子们需要迅速明白游戏或App的目标和使用方式，但这并不表示他们初次使用就能达到完美的境界。相反，应该让他们在开始阶段迅速上手，然后逐步增加难度。比如，你要为孩子们设计一款射击飞行物的游戏，可以设定一些飞行速度极快的目标，一旦他们打中，就可以获得额外的分数，或者干脆增加一个难度更大的奖励关卡。如果孩子们需要多尝试几次才能掌握，那他们就不会称之为幼稚了。孩子们也会因为你对他们的记忆力和敏捷性的信心而心存感激。

家长也是用户

即便需要在游戏或App中增加复杂度，你也需要保证游戏基本规则简单清晰。有时让父母参与解释游戏规则也是很有必要的。但如果连爸爸妈妈、哥哥姐姐都需要耗费很大的精力才能搞明白，就会让所有人都反感。

尽量不要过分强调胜利，给予的奖励也不要过多或过分刺激。如果高难度设定下的奖励很高，孩子们往往会求助家长帮忙解决难题。虽然我坚信家长们应该在孩子上网时陪伴在他们身边，也会在孩子们使用电子设备时经常检查，但是，家长过多代替孩子玩游戏不仅会降低孩子们的自主性，还会阻碍孩子们学习的深度和广度。

本章思考问题

下列清单可以帮助你更好地理解如何为4~6岁儿童做设计。

你的设计是否涵盖以下几个方面?

☐ 是否具有社交感?

☐ 是否将游戏任务切分成便于孩子们掌握的小单元?

☐ 是否在每个里程碑后及时提供积极的反馈?

☐ 是否允许自由创造和自我表达?

☐ 是否包含与孩子们增长的记忆力相匹配的多步骤任务?

下一章,我们会看到更大的孩子面对科技产品时发生的变化,以及与这些变化相对应的设计挑战。

研究案例分析：Samantha，4岁半

最喜欢的App：《无尽的字母》（Endless Alphabet）

当我让Samantha向我展示她最喜欢的App时，她打开了《无尽的字母》（见图5.9）。这款精致的小游戏用动画的形式将每个字母拟人化，孩子们可以运用这些字母拼写有趣的单词，如nibble（轻咬）、pester（打扰）和zigzag（折线）。App会朗读单词，给出单词的定义，还允许用户拖曳字母放在单词中相应的位置。每当孩子拖曳字母时，字母都会发出标志性的声音，比如触碰到字母A时，便有一个"啊啊啊啊啊！"的声音发出。App还会展示动画短片讲解单词（见图5.10）。

图5.9 孩子们可以在《无尽的字母》游戏中玩字母和单词

我问Samatha她最喜欢《无尽的字母》什么地方，她告诉我："我最喜欢的是可以自由选择想要的单词。我不喜欢按字母表的顺序选单词。"这个回答印证了前文提到的4~6岁儿童的一个特征：他们喜欢在App中自由选择方向，自主探索App的功能。Samantha还喜欢字母小人发出的搞笑声和拖移字母时出现的动画效果。这些及时的反馈和动画有助于Samantha沉浸在App中。

她不喜欢免费版的《无尽的字母》，因为可选的单词数量有限。"我想要新单词！我已经玩了不下一百遍蔬菜单词了！"Samantha的妈妈很可能会破费5.99美元为她购买完整版的

图5.10 《无尽的字母》通过声音、动画和图片向孩子们展示单词的含义

App，因为Samantha已经能在真实生活中识别和应用游戏中的单词了，如tangle（纠缠）、multiply（乘）、sticky（黏糊糊）等。Samantha对字母和阅读的兴趣也在与日俱增。

在与Samantha交流的过程中，我注意到的主题是：探索、惊喜、反应和自选方向。我发现她已经认识到自己在学习的事实，而且她觉得这很酷。"这款游戏很好玩，而且还教我学习。我已经掌握了所有的字母。这款游戏告诉了我字母是如何组成单词的，我明白了该如何拼写这些单词。我超喜欢！"

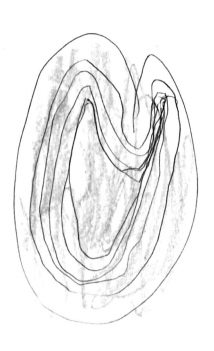

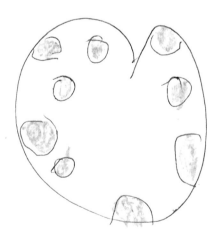

第六章

6~8岁儿童：大小孩

唯有孩子能纯粹地看待事物，因为他们尚未形成偏见，过滤掉那些不愿看到的东西。

——Douglas Adams

我最爱为6~8岁的儿童做设计。为什么？因为他们开始变得复杂，会反思，思维发散，而且仍然喜欢新奇的事物。他们不会像10多岁的孩子那样愤世嫉俗，离青春期的叛逆和烦恼也还有好些年；他们依然喜欢自己的毛绒玩具，更重要的是他们已经能顺利阅读文字了。老成与天真在他们身上完美结合。

他们是谁

这个年龄段的孩子的思想行为已经开始受到他们周围同伴的影响了，而不再受他们生活中的成年人左右。这个转变会带来一系列新的挑战，我们可以从表6.1中看到他们身心层面的主要特点。

外界影响

当孩子们进入小学后，外界对他们的影响从家庭和朋友扩展至同学、老师、教练和更多的人。这种体验有助于他们用不同的方式从不同的角度看待目标、行为和局势。这个新增的意识，加上对周围事物专注能力的提升，会让他们觉得有些不知所措。因此，他们会寻找那些容易被自己掌控的局势。

表6.1描述了处于6~8岁年龄段的孩子在行为和想法上的关键特征。我们来看看这些特征会如何影响你的设计决策。

升级

6~8岁的孩子比4岁左右的孩子更容易集中注意力。这种专注有时也会转变成小小的偏执——他们会一遍又一遍地尝试某个任务直到自己完全掌握。为这个年龄段的孩子设计时，即便设计的不是游戏，也可以针对他们的专注度设置一些不同等级的奖励。

设计游戏时，应该将最初的几个等级设定得相对容易，让孩子轻松完成，然后逐步增加难度。要在游戏开始阶段给孩子成就感，让他们觉得自己是游戏高手。随着等级逐步上升，相对应地增加难度，但等级之间的跨度不要太大。

表6.1 为6~8岁儿童设计中的关注点

6~8岁儿童	这意味着	你需要…
十分专注	他们会在掌握某事后才转移目标	加入升级和持续奖励的概念
相较于实践探索，更喜欢直接获取知识	他们不喜欢猜测，也不再那么喜欢探索，而是喜欢直接问："我该做什么？"	在体验一开始就清楚地强调重点：将要做些什么？为什么要这么做？
理解并喜欢永恒的概念	他们希望任何时候都能返回某次体验或继续上一次的体验	允许孩子们保存、存储和分享他们的进度和作品，为虚拟体验和现实体验建立关联
感觉周围的世界有些难以控制	他们开始遵循规则以及详细的行为规范	为他们设定清晰且易遵循的规则，但允许他们有自己的理解并加以拓展
数量优先于质量	他们喜欢那些可以收藏的体验，而不怎么喜欢在某件事情上做到极致	加入基本的游戏策略（如奖励、徽章等）让他们赢取并收藏
开始对未知的事物感到害怕、猜疑、不信任	他们开始对遇见陌生人和尝试新事物感到犹豫	回避社会化交互体验，更多地聚焦于自我表达

对于教育性网站和App而言，最好的方式是在开始阶段创立进阶模式，让孩子明白任务机制，即要做些什么才能进入下一个阶段。这个进阶模式，能够帮助孩子预测他们将在交互体验中所面对的挑战。例如，为数学教育产品设计界面时，应该

保持页面版式的一致性，只是在不同等级的页面中增加问题的难度。你可以在页面中改变一些元素来区分不同的等级，如色彩、图标和动画等，但整体结构框架不变。如果用户一开始就觉得他们不太可能完成某个任务，就很难喜欢这个产品。

美国教育电视品牌PBS Kids Go! 为2~10岁的儿童开发了大量丰富多彩的游戏，其中针对6~8岁儿童的游戏是最受欢迎的。因为这类游戏的开发者致力于与儿童建立协同学习的关系，即确保游戏的内容能够与目标儿童的成长相匹配。这些游戏都是从简单、容易上手的任务开始，然后随着游戏的进程逐步增加难度。如此，孩子们能够更好地掌握这些游戏的玩法。

例如《Fizzy的午餐实验室》（Fizzy's Lunch Lab Freestyle Fizz）这款游戏要求孩子们收集奶酪、面包和苹果这三种健康食物，而绕过薯条、热狗和巧克力这三种高热量食物（见图6.1）。这款游戏开始阶段相对容易，这样可以让用户适应操作方式，找到收集食物最舒服的方法。但随着游戏的逐步进行，难度逐渐加大，用户需要收集和绕过更多类型的食物。

图6.1 Fizzy的午餐实验室

说明

年幼的孩子喜欢探索式的学习，走到哪学到哪。而6~8岁的儿童更喜欢直观的信息帮助他们顺利完成任务。孩子从6岁起就会受到他人想法的影响，这里的"他人"也包含电子设备。他们不希望让游戏或电子设备觉得自己很笨或不成熟。因此，在他们开始游戏之前要将所有的规则明确地向他们说明，如此他们才能做好准备。

需要着重强调一点：如果觉得你的界面需要大量的文字来解释，这表示你的设计很可能太复杂了。这些小家伙们刚学会如何阅读文字，复杂的说明会让他们望而却步。

好的交互界面不需要过多的说明，孩子们就能明白自己该干什么。为成年人设计也一样，要将用户体验设计得简单易懂。千万不要用过多文字来解释一个让人困惑的界面。

Poptropica是一个专门为儿童设计的虚拟冒险乐园。在这个虚拟世界里，孩子们可以创建属于自己的角色，与其他玩家共同游戏。Poptropica的注册流程非常简单，而且能帮助孩子适应这个虚拟环境（见图6.2）。注册流程被拆分成几个不同的步骤，每个步骤都简单易懂。孩子在注册过程中就能了解他们在游戏中需要做些什么。成年人喜欢快速完成任务，但6~8岁的儿童却不同，他们更倾向于按规定的方式完成任务。因此，清晰划分的多个小步骤更适合他们。

图6.2
Poptropica用简单清晰的视觉说明帮助孩子完成注册流程

125

我们再看一个与此形成强烈反差的案例：乐高创意百变系列的《积木小岛》（Builder's Island）是一款非常有趣的探索性游戏。孩子们可以在这个虚拟世界中用积木搭建建筑（见图6.3）。但这款游戏并没有任何说明，只是通过一个顶视图表示该在哪儿搭建房子。这个界面不够明确，游戏过程中几乎没有任何的提示，甚至也没有一处可以让孩子们点击获取帮助。

6~8岁的孩子会觉得困惑，因为他们喜欢在开始游戏前明白规则。无论这个游戏看起来多么有趣，一旦孩子们觉得他们有可能会搞砸或做错，他们就不会对这款游戏着迷了。8~10岁

图6.3 《积木小岛》缺少游戏说明信息，会让6~8岁的儿童感到不适

的儿童自视为专家，即使少一些说明，也不会把他们吓着，但6~8岁的儿童会因此困惑。第七章还会详细讨论这个问题。

保存、存储、分享和收集

孩子在很早的时候就能理解"永久性"的概念了。如果你将一个学步儿童的玩具从沙发前移到了沙发后，他知道玩具依然存在，只是看不见而已。但学步儿童还不具备对"连续性"概念的理解：如果你离开房间时玩具放在沙发后面，那么当你回来时玩具依然应该在沙发后，而不是在平常放玩具的玩具盒子里。3岁的孩子才开始逐渐明白"连续性"的概念，但直到6岁左右他们才能将这个概念与抽象思维或所处的情景联系起来。例如，4岁的孩子打开电视机时会觉得电视节目是从头开始的，而大一点的孩子希望从上次没看完的地方接着看。事实上，如果电视没有接着上一次的内容播放，大一点的孩子会不开心。

那么，我们该如何在数字化环境中强化"连续性"概念呢？我们可以允许孩子们保存和存储他们已获得的成就，并且让他们接着上次的进度继续游戏。在这方面，虚拟宠物网站Webkinz做得很不错。

孩子们可以在Webkinz中收集并照顾虚拟宠物，他们可以为宠物搭建房子、装修房子、挑选家具，他们还可以带着宠物在游戏中探险或者参加比赛。游戏还设定了一些日常活动，孩子们每天只能选一项活动，完成后可以得到相应的奖励和"游戏币"。"游戏币"可以用来为宠物购买新道具。

用户每次打开Webkinz都会来到上次离开游戏的地方，如果他们上次是从小屋中的某个房间离开的，那么他们会从同一个房间继续游戏。Webkinz在处理宠物的细节上也强化了"连续性"的概念。如果用户上次离开时宠物戴着棒球帽，那么下次回来时宠物依然戴着棒球帽。游戏中的这种"永久性"概念对6~8岁的孩子而言，既有奖励作用，也有抚慰作用。因为在现实世界中，他们开始感觉自己正在逐渐失去对周围事物的掌控，如果有一个始终稳定的地方可以确保他们回去后一切都和离开时一模一样，那么会让他们感到安心。

小提示 Webkinz发展史

Webkinz是较早出现的儿童虚拟世界之一。以毛绒动物玩具和收藏玩具著名的加拿大玩具公司Ganz于2005年4月正式推出Webkinz网站，很快引起了人们的追捧。最近几年，越来越多的竞争者涌入这个行业，对

Webkinz造成了一定的冲击。尽管如此，该网站每月仍然有300万独立的访客。2009年，美国商业媒体Business Insider估算了Webkinz每年的销售额可达7.5亿美元。

Webkinz游戏中的日常活动也有助于强化永久性和连续性两个概念。其中有一个《每日寻宝》的小游戏，用户可以从洞穴里挖掘宝石，收藏到一定量的宝石可以换取梦幻皇冠（见图6.4）。用户每天只能挖掘一次宝石，这样的设定一方面可以增强孩子们玩这个游戏的欲望，另一方面也增加了游戏的持续性。用户可以随时打开宝石箱观看他们收集到的宝石。这种积累式收藏虚拟物品的游戏对孩子们的吸引力巨大，网站的日访问量也因此得到了显著提升。

Webkinz另一个强化永久性和连续性概念的创意是销售与虚拟游戏中相匹配的全系列毛绒动物玩具。事实上，用户需要拥有一款毛绒动物玩具，并输入玩具上的注册码才能在网站上玩相应的游戏。孩子在网站上注册时，屏幕上会出现与毛绒玩具相应的虚拟角色，孩子可以在网站上使用这个角色进行游戏，或者装扮它。运用虚拟与现实相结合的方式对6~8岁的孩子尤其有效。这些实体的玩具不仅能让孩子们持续登录网站，还能将虚拟世界中所传达的概念得以延伸。孩子们可以同时收集毛绒玩具和虚拟宠物、建立他们自己的小社区。

图6.4 《每日寻宝》游戏强化永久性和连续性概念

小提示　实体增加兴趣

6~8岁的孩子很喜欢拥有与他们在虚拟空间中的体验相关的实物。联系虚拟世界与现实世界有一些简单有效的办法，如制作一些证书、徽章或奖励物，让孩子们下载收藏。

高分

在数字化环境中保存和分享得分或成就，也会让孩子们十分兴奋。这种方式不仅能让孩子们看到自己的进步，同时也能帮他们设定切实可行的目标。比如，一个孩子想在拼写游戏中为自己设立拼对100个单词的目标，便可以通过累积的方式为实现这一目标而努力。孩子可以从中看到自己的进步，而不是每次都从头开始。

我们来看看iOS平台上的一款俄罗斯方块式的数学游戏《DigitZ》。这款游戏的优点在于孩子们可以随时查看从易到难的每一关的完成分数（见图6.5）。游戏的主屏幕只有两个按钮，一个是开始游戏，另一个就是查看高分。

查看高分的设定能让孩子们看到自己的进步，这也就提高了游戏本身的永久性，使用户更乐意参与其中，朝着做到最好的方向努力。在游戏开始时，为用户设定目标并透明地展示孩子们努力的方向，有助于推动并启发用户持续玩游戏。

图6.5
孩子可以随时查看
自己的得分

分享

故事鸟（Storybird）是一个面向全年龄段儿童的网站，但最受6~8岁孩子的喜爱。孩子们可以通过该网站运用全新的方式来讲故事，网站让他们施展演绎推理能力。故事鸟让孩子用安全且有意义的方式分享故事。网站巧妙地运用了"图片引导

故事"的方式，即让用户从图片入手，受到启发，自由创作
（类似看图说话）。孩子们从海量的图库中选取一系列插画，
然后围绕这些插画创作并分享自己的故事（见图6.6）。

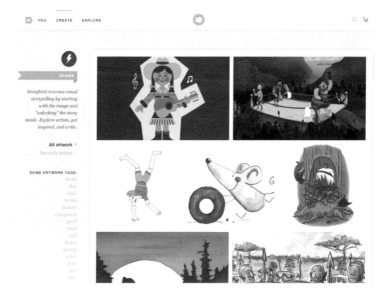

图6.6 孩子们可以挑选图片并根据图片创作故事

在学校里，学生一般是先写故事，然后根据故事画出插
画。故事鸟却反其道而行之，运用精美的图片启发灵感，让孩
子们在此基础上发挥想象。

故事鸟网站也有商业模块：家长可以在线购买孩子们创作

故事的打印版本。我个人通常并不赞成在游戏中购买产品，但故事鸟运用故事绘本打印物作为载体将孩子们在虚拟空间的创作成果转化成了看得见、摸得着的实体，为6~8岁的孩子创造了全方位的体验。当然，孩子们也可以免费在网站上任意创作并分享故事。

孩子选定图片后，会进入一个简洁、清晰的编辑界面，在系统的指导下开始写作。孩子们可以直观地看到他们的图画故事是如何逐步成形的（见图6.7）。年幼的孩子可能需要家长帮助他们输入文字，但是大一点的孩子可以很快上手写作。

图6.7 故事鸟清晰的界面有助于孩子集中注意力创作

遵守游戏规则

几年前我对一批小学二年级的学生做了一次观察研究，主要观察朋友间的集体游戏。我带着纸笔领着一群小孩子进入一个没有任何玩具和书本的房间，让他们开始玩游戏，他们最终决定扮演一支乐队。这次自由活动中我发现了一个很有意思的现象：孩子们并没有马上开始扮演乐队，而是花了许多时间分配角色和制定规则。他们做的第一件事是决定每个人要扮演的角色。其中一个小孩以领袖的姿态站出来为大家分配角色，这种现象在二年级学生中非常典型。当她告诉另一个小女孩扮演鼓手时，那个小女孩很不情愿地说："我不要当鼓手！我想当宠物医生！"

场面变得一片混乱，毕竟现在也没有多少乐队里有宠物医生吧！

孩子从大约7岁开始关注规则。这个年龄段的孩子们才刚开始探索世界有多大，而规则的概念（约束行为、互动和交流）能给他们带来极大的安抚效果。他们会自发形成一些详细的规则来规范自己的言行（例如，如何游戏、如何说话等）。他们也希望其他人同样遵循他们的规则。

这种现象为我们设计虚拟环境提供了一些非常有趣的线

索。我们知道这个年龄段的孩子们喜欢遵守规则，但是，一旦游戏规则限制力太强或者很难执行，这些小用户们就会弃你而去。我告诉大家一个小小的诀窍：设计一系列简单易懂便于执行的规则，同时留有一些变通的余地，让他们可以自己制定规则。这对于目标明确的游戏而言较容易实现，但对于那些注重自我探索和自我表达的虚拟环境并不容易。

我们来看看企鹅俱乐部（Club Penguin）是怎么做的。

企鹅俱乐部是一个同时定位于儿童用户和成年人用户的虚拟世界（见图6.8）。用户可以在其中创建一个企鹅化身，探索

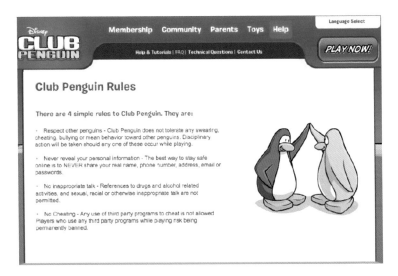

图6.8 企鹅俱乐部的游戏规则既简单又能变通

虚拟的北冰洋，同时可以玩小游戏、聊天、搭建冰屋等。企鹅俱乐部的开发者创建了一套可变通的游戏规则，让孩子（和家长）感到很舒适。

规则既能带来安全感，也能带来障碍

在去年的一次可行性测试中，我邀请了一位名叫Georgie的7岁小女孩。当时她无精打采地走进实验室，看上去对我们要研究的App毫无兴趣。我问她是不是有什么不开心的事，她对我说："我的新鞋脏了。"她那双崭新的玛丽珍鞋（Mary Janes）上确实有一道脏痕。我当时刚当妈妈，随身携带着婴儿纸巾，我抽出纸巾帮她把鞋上的脏痕擦掉。Georgie的脸上立刻露出了笑容，开始兴趣盎然地玩起iPad。

我笑着对她说："很高兴帮你把鞋擦干净，是不是鞋子脏了妈妈会生气呀？"Georgie的母亲是我以前的同事，当时她正和其他参与者的家长一起在楼下的大厅里喝咖啡。她看上去十分通情达理，是一位很用心的家长，但我们谁也不知道什么事情可以让人动怒。（我们认识后就成了好朋友，我这么写得到了她的许可。）

Georgie用非常惊讶的眼神看着我说："不是的。我妈妈说鞋子本来就会脏的。但鞋子脏了我自己会感觉不舒服。"

　　Georgie其实为自己创建了一定的行为准则。这点可以从鞋子的事情上得到印证。一旦你为孩子们设计了一个环境，他们就会非常谨慎地遵守你的规则。因此，你需要确保所创建的规则具有一定的弹性空间，以便孩子们在遵守规则的同时，也包容其他理解方式的可能性。

　　企鹅俱乐部的规则设计在确保安全和社区文化的基础上支持用户自由娱乐，这一点值得我们借鉴。这款应用在其创建的虚拟空间内给家长和孩子一定程度的舒适感和可控感，同时又让他们尽情享受其中的乐趣。

　　这种有弹性的规则听起来和我们之前所讨论的提供简洁明了的说明似乎有冲突，但其实并不矛盾。此处所说的规则是指整个交互界面的框架结构，而游戏指导说明指的是游戏模块的使用方式。前者需要具备一定的弹性空间，允许用户有不同的理解；而后者需要尽可能详尽，以确保用户可以顺利地完成任务。

我们再来看看之前提到的乐队游戏最终是如何发展的。小朋友中的那个意见领袖一开始对音乐家中突然冒出的宠物医生感到束手无策，最终她决定改变规则做出一些妥协。她对那个想扮演宠物医生的小朋友说："那你就当宠物医生鼓手吧！"最后皆大欢喜，其他乐队成员也欣然接受了这种既能当宠物医生又能当鼓手的双重身份。

小提示 制定规则

一定要为网站或App制定孩子们容易遵守的清晰的规则，尽可能避免误解。例如，"使用正面积极的文字和图片编写故事"就是一条很明确的规则。而"请勿在故事中包含带有攻击性和侮辱性的语言"效果就会差得多。

我们需要徽章奖励

6~8岁的孩子很喜欢收集东西。我弟弟从7岁开始就收集宾馆里的小肥皂。每次全家出门度假，他都会从宾馆卫生间拿走几块小肥皂，用纸巾小心翼翼地包好，放在洗漱用品包里带走。这些小肥皂对他而言不光是旅行中的纪念品，也是越来越多所到之处的证明（就像护照上的海关印章一样）。无论是孩子还是成年人，都有这种爱好。这种收集行为在数字化空间里同样存在。

这种收集习惯在行为矫正上有着积极的意义。如果你的某种积极的行为（例如运动、戒烟、减肥等）能够获得持续的奖励，那么你就更有动力坚持这种行为。儿童也一样，当儿童的行为和积极的后果关联在一起时，会激发他们继续保持这种行为的欲望。如果你希望孩子在你设计的界面中做出某种举动，那就要给他们一些有趣的奖励。游戏化本身就是建立在行为奖励机制上的。

不幸的是，游戏化一词在设计师眼中几乎成了一个贬义词。设计师们想当然地认为游戏化就是浮夸的荣誉奖章、毫无意义的奖励以及通过社交网站分享无关紧要的里程碑。但为儿童设计时，游戏化的概念至关重要。因为这是儿童用户在虚拟世界中所做的一切有趣事情的证明。

所幸的是，要做好这一点并不难。首先，定义需要做出奖励的关键用户行为。然后，为这些关键行为定义一种能让孩子们享受收集乐趣的方式。

我参与开发过一个叫橙色星球（Planet Orange）的网站，它教儿童学习理财知识。当时我们想要设计一个激发用户完成网站上所有活动的奖励机制，于是设计了一批洲际奖章，每当用户完成星球上某个洲的项目时，便能获得一枚洲际奖章（见图6.9）。我们还设计了一批证书，孩子们可以打印出来挂在墙上，以展示他们的成就。

我们的想法看上去遵循了正确的设计准则，但我们当时却把奖励模式复杂化了。考虑到这个网站是与钱有关的，我们除了设计奖章，还设计了一套复杂的货币系统，让孩子们可以挣钱购买星球上的空间站和外星人宇航员等（见图6.10）。仔细想想会发现，我们为同一行为设置了奖章和货币两种奖励方式。这样的做法反而弱化了两种奖励机制，导致网站上活动价值的贬值。我们得到的教训是：为同一种行为设置多重奖励，会使奖励机制变得毫无意义。用收集的方式促进学习是一种有效方式，但是，只有当收集行为能够强化你正在学习的概念时，这一切才是有意义的。

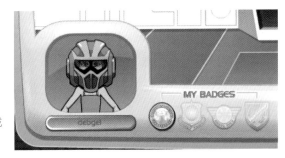

图6.9
橙色星球中用户完成
任务后获得的奖章

图6.10　橙色星球的虚拟货币系统

设计底线：使用奖励的方式确实能够让孩子们持续使用你的产品。但要确保设计中所提供的奖励能够以恰当的方式与正确行为相对应。

危险的陌生人

孩子还不到4岁时，就已经知道"不要和陌生人说话，因为会有危险"。许多孩子在单独面对陌生人时，都有恐惧感。这种恐惧感会随着年龄的增长而增长。这种现实生活中遇见陌生人产生的正常恐惧感在虚拟世界中与陌生人打交道时很可能会变成极度的恐慌。因为在虚拟世界中，任何人都可能是陌生人，即便是和孩子们一般大的同龄人。孩子们感到害怕是因为他们没有一种切实可行的办法分辨网上对话的那个人是8岁还是80岁，也不具备足够的知识和控制力来应对可能发生的危险。这部分目标用户群的"陌生人的危险感"值得引起设计师的注意。一旦设计包含太多社交元素，就可能很难留住这部分用户。

随着互联网技术的不断发展，许多公司都希望在儿童数字化产品体验中融入更多的社交元素，这在技术层面上已不存在难度。协同合作和探索式学习确实对儿童很有效，但这些虚拟世界中的合作体验只能建立在匿名制的基础上。对大多数孩子而言，社交的含义是在走廊里和其他人打招呼，而不是网络上的互动。

为儿童用户提供有意义的网络交流方式也不是完全不可行的，但你必须谨慎对待。比如，可以借鉴企鹅俱乐部的方法，围绕这种社交互动设定一系列详细的规则，帮助孩子和家长在虚拟环境中建立舒适感。你也可以借鉴预设消息的方式，让孩子们选择预先设定好的消息进行交流，而不是让他们完全自由地交流。

Webkinz的开发者在KinzChat聊天器里就很巧妙地运用了

预设消息（见图6.11）。孩子们可以从对话框中选择预先设定的消息和其他人在这个虚拟世界里交流。

图6.11　Webkinz允许孩子通过预设消息在网上交流

　　用户在Webkinz中不能以完全自由的方式交流，这能有效地排除不恰当的语言和过激的互动。这种方式有助于让孩子们在虚拟互动环境中感到更舒适，而不用为突如其来的陌生人的消息担惊受怕。

　　还有一些网站让家长为孩子选择产品社交功能的等级。这些优秀的产品不仅遵循了《儿童在线隐私保护法》（详见本章末对Linnette Attai的采访），更为"如何让孩子们有安全感"作了精心的设计。企鹅俱乐部提供了多种在线交流方式，从零交流到自由交流。最适合6~8岁儿童的网络社交方式正好处在上述两者之间，即允许他们运用预先设定的消息进行有限的交流。

设计预设聊天体验

在设计预设聊天体验时，首先要确保话题范围适度，既要多样化地涵盖孩子的兴趣点，又不能因过于宽泛给孩子造成困惑。其次，要确保使用孩子容易理解的语句，尽量运用简短的且有意义的词汇和语句。

根据使用场景，预先设定一系列孩子可能会提出的问题，以及与之对应的答案。这是一种行之有效的办法。例如，"你最喜欢什么动物？"这个问题就是一个非常好的开场白，孩子们可以在毫无压力的情况下轻松地交流想法，分享彼此的信息。针对这个问题，你需要提供一定范围的答案，从最安全的回答到新奇的答案。猫咪、狗狗、大象、猛犸象就是一组范围合适的答案。太多选项会让孩子感到困惑，因此最好将选项控制在5个以下。

在设计的过程中，你会发现要设计一套常用且足够广泛的通用消息。例如，在竞技类游戏中设定"干得好""加把劲""再来一次吧"这样的消息。在创意或建造体验产品中，可以提供"好主意""图片真美""设计真酷"等消息，让孩子评论他人的作品。为6~8岁儿童设计聊天体验时，要避免使用负面的语句，甚至少用像"不错"这样的中性词。因为这个年龄段的儿童理解能力有限，对语言的表意和引申义了解得还不够。

匿名因素

开放式聊天交流方式除了让儿童感到不适外，还有其他方面的问题。匿名聊天对任何年龄段的用户都有极强的吸引力。仔细想想，如果你能够对任何人说任何话，而对方却不知道你是谁，你会说些什么？在匿名的掩盖下，即便是成年人都很难控制自己想说的话，更何况是孩子呢？尤其是那些每天都在学习脏话的熊孩子。此外，"互联网犯罪"也越来越猖狂。虽然这些图谋不轨的人无法直接接触到孩子，但你无法完全过滤掉他们在网络上的言行。每个设计师都不愿意在自己的产品中出现这些对孩子安全造成威胁的坏人。

大约在一年前，因为要研究一篇论文，我在芭比女孩（Barbie Girls）这个网站上注册了一个开放所有权限的账号（该网站已被关闭）。这类账号的用户可以自由地接收和发送消息。我刚注册完，就有一个"女孩"来搭讪，问我一些带有性暗示的问题，比如我穿什么样的衣服，和谁在一起等。我和她（或他）聊了一会儿，想看看对方的底线在哪里，但后来忍无可忍，直接举报给网站管理员了，最后对方的账号被删除了。作为一个成年人，我能快速地评估当时的情况并做出反应，但对一个8岁的小孩而言，这件事可能就不那么容易了。

另一种安全积极地促进交流的可行方式是允许孩子发布他们的作品，并允许其他孩子使用预设信息、表情或奖章进行评论。6~8岁的孩子热衷于表达自己，分享自己的想法和作品，因此我们有必要为他们创造一条表达分享的渠道，哪怕是运用最简单的积分排行榜的方式。

家长也是用户

为孩子设计交互式体验时，也应该考虑到家长。即便产品中没有交流工具，也不会收集个人信息，设计师还是希望家长和成年人能对产品环境有所了解，比如产品目标是什么，希望通过产品为孩子带来什么。父母对网站或App的内容和使用方式有所了解后，他们会更愿意让孩子使用这个产品并为此买单。设计师肯定也希望父母能够帮助孩子一同完成大部分产品体验。例如，产品中为成年人设计的工具和提示有助于家长接受和选择你设计的产品。

本章思考问题

如果你有机会为6~8岁的儿童用户设计产品，我会毫不犹豫地鼓励你去做。这个过程会颠覆你的想象，你也能从这些精明的小用户身上学到很多。在为这个年龄段的用户做设计时，你需要回答下列问题。

你的设计是否涵盖以下几个方面？

☐ 是否具备进阶和升级的元素？

☐ 是否在最初的体验中就清楚地传达了产品的目标和用途？

☐ 是否允许孩子们保存并分享进度？

☐ 是否制定了简单易懂且具备一定弹性和扩展空间的规则？

☐ 是否允许孩子们赢取或收集徽章和奖励？

☐ 是否将侧重点放在"自我表达"上，而不是"社交化体验"上？

有趣的是，10~12岁的孩子比8~10岁的孩子在行为思想上与6~8岁的孩子更相似。下一章将深入了解如何为8~10岁的孩子设计，你会了解这群小朋友是如何表现他们神奇的不同之处的。

研究案例分析：Andy，6岁

最喜欢的App：《非常跑酷》（Mega Run）

Andy的父母对他玩手机管得非常严格，只是偶尔让他玩玩。他只能用手机看YouTube视频和玩《非常跑酷》游戏。"这款游戏真的很酷！可以在游戏中跑酷，跳跃各种障碍物。还可以从小动物的头上跳过！"这款游戏的情节很简单：游戏的主角是一只小怪物，它要营救被绑架的兄弟姐妹。对6岁小男孩Andy而言，故事情节完全无关紧要，他只专注于游戏本身。

我问他这款游戏最棒的地方是什么？他这么回答我："最棒的是我可以选择我喜欢的游戏角色。如果我有足够的积分，就可以换成我喜欢的角色了。我最喜欢蓝色企鹅。"于是我让Andy演示给我看。当然，我得等他玩完手里的那局游戏。他进入了角色界面，里面有许多不同的角色，每个角色旁边都有相应的解锁分数，里面还有很多没有解锁的角色。

"一共有10个角色，我还要解锁3个。我还要积累很多分数。有时候也没有小人出现，一旦出现了小人，只要点击按钮，它就会跳到屏幕中来。这里有很多不同的按钮可以点。有一个按钮只要你一点，所有的小人都会出现，但是有些小人我不能选择，因为我的积分还不够。"Andy耐心地解释，很形象地指出了游戏中的货币和升级机制（见图6.12）。他向我展示了他收集的所有的角色，并向我演示如果他想玩新的角色应该如何切换。

Andy很喜欢玩这款游戏，他向我展示他的积分和角色时非常自豪。和众多6~8岁的孩子一样，他希望这些东西永久存在，这些都是他在游戏中获得的成就。

在与Andy的交流中，我总结了以下几个设计主题：升级、成就、永久性、收集。收集物品和升级带来的奖励和游戏本身都让Andy乐此不疲。

图6.12 《非常跑酷》允许用分数换取新角色

行业访谈

Linnette Attai
Playwell有限责任公司主席及创始人

 **Linnette Attai**是一位媒体营销合规执行官（Compliance Executive）。她在广告、营销、内容、版权、安全和伦理关怀等领域的监管和自我监管领域积累了丰富的专业知识。从2000年起，她将事业焦点转向数十亿美元的儿童娱乐产业，关注数字化产品、移动产品、消费品、食品、影视、玩具、视频游戏以及为青少年儿童创造内容的电视媒体公司等行业面临的特殊事项。

Linnette创办了Playwell LLC咨询公司。她协助客户解决媒体和营销相关的合规问题（包括数字移动产品的版权和安全问题）。她同时担任互联网安全联盟iKeepSafe的合规顾问。

此前她曾担任尼克儿童频道（Nickelodeon）的标准执行副总裁，以及哥伦比亚广播公司（CBS）的合规执行官。

作者： 你在政府规范这个既重要又复杂的领域积累了大量专业知识。能不能为我们介绍一些在美国为儿童开发网站或App时设计师和开发者需要特别关注的事项？

Linnette：我觉得最重要的事情是，在收集任何与儿童相关的数据之前，先和法律顾问好好聊聊。一定要在产品开发前咨询法律顾问。现行法律中，与个人信息有关的条款实在太多了，如果在规划和设计之前就意识到这方面的问题，会比事后弥补容易得多。如果产品已经开发好了，再回过头来重新调整会很麻烦。如果知道要获取哪些用户信息，就要咨询与之相关的事项。如果产品中很多技术决策都已经完成，但发现没有任何保护措施，就不得不修改这部分的设计。我几乎天天都能看到各种开发者花费大量时间、资金和资源回头重新做设计，而且更糟的是，最终成型的产品要么违背了设计的初衷，要么总不能让他们满意。我经历的案例中，如果产品已经开发完毕，绝大多数情况下已经无法对这些产品做出这样的改变。

在开始设计和开发之前，先和合规专家好好聊一聊你的想法。

作者：我了解到《儿童在线隐私保护法》（COPPA）最近做了一些修改。能不能和我们谈谈修改的内容以及这些修改对从事儿童数字化产品的设计师意味着什么？

Linnette：《儿童在线隐私保护法》的修改提案已经通过，并在2013年7月1日开始实施。所有的儿童网站都必须符合《儿童在线隐私保护法》的条文。关于个人信息的定义修正是这次修改提案的重点。过去的个人信息仅仅指姓名、地址、电话等文本信息，现在的个人信息的范围延伸至地理位置以及含有儿童图像或声音的照片、视频、音频文件。现在收集照片、视频、音频等用户自创内容，必须得到家长的许可。我们现在还不知道此前已经上传的与儿童有关的媒体信息将如何处理，是否要重新获得家长许可。

另一个重要改变是用户的永久标识（Persistent Identifier，即UDID或IP地址）除了被用于数据分析，均被视为个人信息。如果你要使用永久标识来追踪儿童用户的长期行为，也必须获得家长许可。

科技的发展可能会对数据采集产生影响。我们很难预测将会出现什么样的新科技，但毫无疑问一定会出现新的数据采集方式。对那些开发未来平台和新科技产品的公司，我往往会提醒他们仔细研究现有规范，只有这样，能保证创新平台具备更大的合规可能性。

作者：这次修改法案会对儿童在线广告产生哪些影响？

Linnette：儿童还不具备理解在线广告可能带来个人隐私问题的认知能力。所有现有的规范都应该重视，确保你的产品从一开始就符合规范。孩子需要特殊的保护，而企业应该承担保护用户的责任。可以说我们是保护他们不会受到我们的伤害。

作为一个企业，你获得了孩子和家长的信任，千万不要辜负他们的信任。

作者：网站和App对网络暴力该承担什么责任？设计师和开发者可不可以通过什么方式在网络社交环境中预防网络暴力？

Linnette：如果你的产品具有社交功能，那么需要特别注意网络暴力的问题，至少应该做到以下三点。

1. 通过教育引导／常见问题（FAQ）／规章制度的方式明确哪些行为是不可接受的，并在产品中强化这些规范。

2. 建立保护措施。你需要运用过滤器、词典和预设消息等方式对儿童用户在线交流负责。在产品中设置举报机制，一旦当孩子们遇到让他们感到不适的人时，就可以立即点击按钮举报对方。

3. 观察并管理。不能让儿童独自登录没有监管的网站。你可以将所有对话内容在网站上发布前进行管理审核，也可为网站设立一个长期管理员。一旦有情况发生，管理员就要采取行动干涉。这点对刚上线的网站尤其重要，因为你根本无法预知孩子会如何使用网站。以社交游戏为例，儿童可能会在游戏中相互竞赛，然后互骂脏话。孩子们可能会采用五花八门的方式来使用你的产品，这点你要做好心里准备。创建一个符合设计目标的社区要花费不少心思，孩子们需要引导和教育。

还有一点需要着重强调，成人网站一般没有这些保护措施，所以有些孩子用虚假的年龄通过了Facebook和其他网站的注册。因此，我们对孩子的网络安全教育需要提前（大约在孩子3~4岁时）开展。

作者： 那些"合规"的网站或App有什么特征？

Linnette：我认为有这些特征：家长需要适度参与、拥有完善的举报机制、运营者在线监管、采取一定的措施来解决个人隐私和网络暴力等问题。

一旦在网站上发现问题，就要马上处理，并相应地调整设计。因为无论你在产品中加入了什么保护措施，孩子们都能想到办法绕开。他们会不断地挑战规则并制造风险。

作者： 你能谈一谈家长参与的问题吗？为什么家长的参与如此重要？你觉得家长的监管是否足以保护孩子的在线隐私？还是说这只是《儿童在线隐私保护法》最基本的要求？

Linnette：如果你想要收集13岁以下孩子的个人信息，必须有家长的参与并得到其许可。《儿童在线隐私保护法》规定家长可以通过以下几种方式进行验证：信用卡验证、社保号验证、父母信息验证等。这些方式都是政府指定的授权方法。

作者： 家长用Email账号验证可以吗？

Linnette： 如果你收集的信息只是用于内部网络应用，规定允许家长用Email账号参与验证。但如果你需要分享或转发这些信息，就必须得到更可靠的家长验证。

作者： 不合规的网站或App有什么风险？

Linnette： 美国联邦贸易委员会（FTC）会进行处罚。一般来说，根据违法的性质和公司当时的财务状况，对这类网站的罚款在5万美元到300万美元之间。

一旦构成违法，FTC会勒令违法公司删除已经收集的数据信息。这不仅仅是等着被抓和删除数据那么简单，很有可能你现有的付出都将付诸东流，一切都要从头开始。

违规网站上还必须放置一个onguard.online.gov链接，这是一个有关在线隐私的用户教育网站。一旦你的产品有违规现象，就必须把这个链接在网站上放置5年时间。

违规公司还必须聘请专业人士对员工进行规范培训，并且接受长达20年的强制合规审查。这很可能会直接导致企业关门。这也是为什么我一开始就强调，设计师和开发者在开始设计开发前要首先咨询专业人士。这些处罚都是公开的，也就是说，家长和媒体都很容易找到你的违规行为，这会让你丢掉信誉。想要重新构建一个社区并重新获得信任是非常困难的。

无论是重新设计，还是增加新的功能，记得都要咨询专业人士。从长远看，这一定会为你省下一大笔钱。

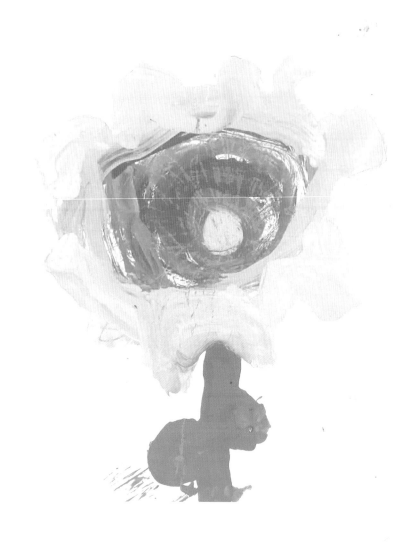

8~10岁儿童：酷因素

Hudson，8岁

一件事情的魔力并不会因为你知道它的套路而消失。

——Terry Pratchett

当孩子成长到8岁时，你会发现他们的认知能力、自信心和独立能力都发生了显著的变化。他们不再像低年龄段儿童一样依赖父母和老师。实际上，在某些方面，他们甚至比成年人还要老练。这些孩子已经非常清楚自己的行为可能造成的后果，也意识到如果他们不守规则，也不会造成世界末日。这对于该年龄段的孩子而言是一种极大的释放。你会在10~12岁的孩子身上看到重新出现的不安全感，但8~10岁的孩子们已经准备好大闹天宫了！你可要分外小心。

他们是谁

8~10岁这个年龄段的孩子已经变得相当复杂了，他们希望在自己擅长的领域被视为权威，他们很享受那些我们觉得疯狂、恶心、讨厌的事物所带来的"刺激"。他们不像6~8岁的孩子那样在意别人对自己的看法。我们可以从表7.1中看到他们的主要特点。

开始挣脱

由于自信心和知识的增长，8~10岁的孩子会感觉自己无所不能。他们的自我意识越来越强，不再惧怕网上的任何事物，比如敢于在社交网站和App上与陌生人互加好友，这些都增加了设计师保护他们的难度。

表7.1 为8~10岁儿童设计的关注点

8~10岁儿童	这意味着	你需要
喜欢成为专家	他们不会阅读指导说明，而是直接开始尝试	在失败后给出提示信息，而不是在开始前做说明
能多方面考虑问题，寻找解决方法	他们喜欢那些能够引发他们思考的、有挑战性的界面	保持相对较高的复杂度，但不要复杂到他们无法解决
能够区分广告和有效内容	他们开始对广告产生厌恶感和不信任感。太多的广告会导致他们直接放弃产品	将广告和内容做明显的视觉区分
开始意识到成年人并不是无所不知的	他们会更加坚定有力地挑战规则、大人的想法和为他们指定的方向	让他们发现自己还不够聪明。为他们提供细微的线索而不是白纸黑字的规则
对自身的能力十分自信，不惧怕网络上的陌生人	他们会更开放地与网上的陌生人聊天	更谨慎地考虑社交方式。孩子们总会找到办法绕过安全措施
明白在网上撒谎，没有人会发现	他们开始在网上伪造自己的身份信息，比如谎报年龄。有时也会在其他事情上撒谎，只是为了追求违禁带来的快感	将重点放在用户的自我表达和成就感上，而不是身份信息上。如果你需要设置年龄门槛，就设置父母验证机制而获得真实的身份信息

表7.1描述了处于8~10岁年龄段的孩子在行为和想法上的关键特征。我们来看看这些特征会如何影响你的设计。

失败后的提示

与6~8岁的孩子不同，8~10岁的孩子一开始不会看指导说明，因此，他们初次使用产品可能不会成功。等他们失败后给出提示是比较有效的方式。

使用错误提示和确认信息循序渐进地说明使用方式对8~10岁这个年龄段的用户非常有效。但绝大多数儿童网站没有这么做。既然他们不愿意阅读说明信息，为什么不在他们失败后给出提示信息呢？

几年前，我对非凡农庄（Pepperidge Farm）出品的小金鱼（Goldfish Fun）网站做了一次研究。使用前的网站说明设计得很好，却没有使用错误提示。我发现9岁的孩子根本不看提示说明，直接玩起了游戏。我问他们为什么不看说明，大部分孩子的回答是："这看上去很容易，用不着看说明"或"我知道该怎么玩"。当遇到困难时，有些孩子会寻求帮助，其余的孩子干脆不玩了。

最终他们被网站上的《弩车世界》（Catapult Chaos）游

戏吸引住了。这是一款有关物理学原理的小游戏，游戏中有一辆用生活中常见的物品组装成的弩车：投射器是一个勺子，炮弹是一颗弹珠。孩子们可以控制投射的角度和速度（见图7.1）。他们需要摸索规律，尽可能多地击中目标。

这款游戏的设计遵循了为儿童设计的准则。设计师运用场景化的提示取代冗长的文字说明帮助孩子们掌握游戏，还用小动画演示操作方式。但孩子们却完全无视这些说明，他们都迫不及待开始游戏。

图7.1 孩子们完全无视游戏说明，直接跳过说明开始游戏

有一个小男孩几乎从头到尾都在玩这款游戏，直到我告诉他试玩结束时，他才依依不舍地离开了电脑。他一遍又一遍地调整投石器的角度和力度，试图赢得"全中奖励"（一次击中所有物品的奖励）。但他每次都很随意，毫无规律可言，当他的得分越来越低时，他的挫败感也越来越强。他开始点击"帮助"链接，但里面的提示都是基本的游戏规则，对提高他的成绩毫无作用（见图7.2）。

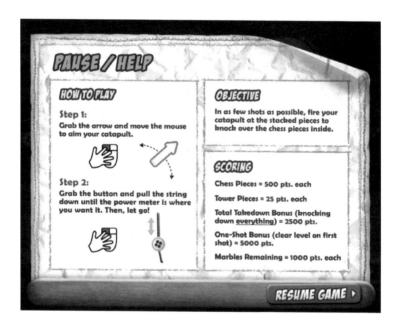

图7.2 《弩车世界》的提示无法帮助玩家提高得分

除了每关完成后出现的"干得漂亮！"之外，他并没有得到任何提示信息。好的提示信息不仅可以帮用户提高游戏分数，更有助于用户掌握其中的物理学原理。比如"增加一些弹射力吧！"或者"看看把勺子的角度稍稍往下调整会发生什么？"

小提示 跟进提示

成年用户也喜欢"跟进提示"的方式。回忆一下你上次填写在线表格时的情况。你是阅读完说明信息后才填写的，还是直接填写信息的？再想想当你漏填或错填信息时，你更喜欢哪种提示？是弹出一条"请重新填写"的信息，还是指出错误之处并提示如何更正？

我曾与康卡斯特（Comcast）有线电视台的设计团队共同设计了一个在线观看电视节目的界面。由于当时的技术和法规的限制，这个系统的早期迭代原型非常复杂。用户必须下载安装两个插件，并进行三次登录才能完成整个流程。因此，我们制作了一套说明文件，但在可用性测试中我们发现根本没有人会阅读这个文件。用户们都在等待出现文字提示以帮助他们更正错误。于是，我们改进了说明方式，设计了一套贯穿注册流程的错误提示，让用户的困惑感大大降低了。

增加复杂度

去年，我在康卡斯特有线电视台主持了一个名为"带着孩子去工作"的活动。我的任务是教25个8~10岁孩子与他们的父母如何设计App。活动的开始阶段，我询问了所有孩子最喜欢的App是什么。他们给出的答案大部分都是游戏，而且游戏难度都不小：《糖果卡车》（Jelly Car）、《涂鸦跳跃》（Doodle Jump）、《植物大战僵尸》（Plants vs. Zombies）、《愤怒的小鸟》（Angry Bird）、《我的世界》（Minecraft）。但很少有人提及教育类App和那些专门为儿童开发的App。我让他们画出自己想象中的App，结果这些作品的复杂程度让我印象深刻。其中有一个9岁的小男孩（我必须声明下，他父亲是有名的软件工程师）画的草图是《愤怒的小鸟》和《植物大战僵尸》的结合。从这个小男孩的解释来看，这个游戏几乎不可能成功，但其他孩子对这个想法却很兴奋。

当然，这并不表示我们应该设计更庞杂的App或游戏。而是应该为8~10岁的用户设计一些需要更高技巧、具有更高操控难度的活动，以帮助他们成长。如果产品的价值主张足够突出，孩子们会成为非常忠实的用户。

　　我们来看看《口袋青蛙》（Pocket Frog）这款App。玩家可以通过App寻找青蛙、养育青蛙、收集青蛙并跟朋友交换青蛙。

　　《口袋青蛙》有一定的难度。玩家不但可以收集、饲养、照顾青蛙，还可以让青蛙交配繁殖，获得稀有品种的青蛙。不同青蛙之间的交配繁殖受到各种条件和规范的限制（见图7.3）。

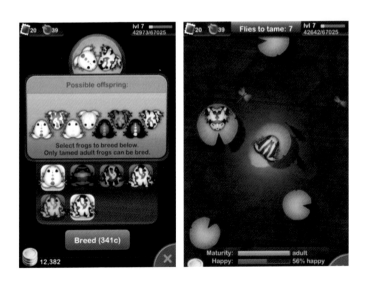

图7.3 《口袋青蛙》的复杂繁殖方式对8~10岁的孩子非常有吸引力

《口袋青蛙》采用了直观的交互界面，但游戏规则却十分复杂。游戏中采用了一套货币机制，如果玩家不明白这套机制，就无法购买虚拟物品。玩家还要清楚不同种类青蛙的交易价格，这样才不会做亏本的买卖。这款游戏需要时间才能掌握，但游戏给玩家提供了不少即时的奖励和持续玩游戏的动力。8~10岁的孩子很喜欢这样的体验，他们对那些可以马上掌握的游戏或App兴趣不大。小一点的孩子喜欢将一件事情做到极致，他们很享受一次又一次出色完成任务所带来的成就感。当孩子成长到了8岁后，他们开始喜欢那些有一定难度的游戏，因为他们能从中学习和发现新事物。

广告并非内容

在5岁之前，孩子还不能区分广告和常规的电视节目。这给家长和教育工作者造成了不小的麻烦。因为孩子们身边充斥着太多的广告，而他们并不理解广告的内容和原因。1992年，《儿童电视法》推行了一系列规范儿童广告的相关条款和指令，其中有一条规定：授权角色的玩具广告不得在该角色有关的电视节目期间播放。也就是说，《特种部队》（GI Joe）的玩具广告不得在动画片《特种部队》节目播放期间插播。这项法规现在变得越来越严格，比如针对幼儿的电视频道在播放幼儿节目期间不允许插播任何儿童广告。

儿童电视广告和网络广告的相关法律法规都在不断地完善。由美国政府、广告行业、电视节目行业和相关民营企业共同组成的美国儿童广告审查处（Children's Advertising Review Unit）发布了《儿童广告行业自律指南》，涉及遵守政府广告法规和保护个人隐私的内容。该机构也为消费者和相关的政府机构之间建立起了投诉和沟通渠道。

尽管如此，仍然有一些不法广告商和节目方想方设法推送广告。好在8~10岁的孩子已经能够明白广告的用途。事实上，他们看到广告也会反感。如果你的公司不依赖广告创造营收，这是一个好消息。

那么结论是什么呢？最好的方式是在产品中直接说明存在广告，并通过明确的方式发布。这样孩子们看到广告信息时可以选择忽略或接受。对广告主而言，他们也希望广告与产品保持协调一致，因此他们通常都同意你在广告单元周边做一些视觉处理。

小金鱼网站（Goldfish Fun）在广告发布方面做得非常不错。他们运用Ad Nooze这种广告提示牌的方式告诉用户正在展示的是广告（见图7.4）。

小用户们只要一看到Ad Nooze提示牌，就明白自己要戴上

"精明"的眼镜，要小心应对了。尼克儿童频道（Nickelodeon）的网站也有弹出式的广告，但其提示要隐晦得多（见图7.5）。

KIDS: When you see this Ad Nooze, know that you are now viewing an advertising message that is designed to sell you something.

图7.4
小金鱼网站用提示牌告诉儿童正在观看广告

图7.5
尼克儿童频道的弹出式广告（提示文字很小）

尼克儿童频道的做法也通过了儿童广告审查，该频道采取了最低的标准。广告（Advertisement）一词很小，阅读起来并不容易。孩子们仍然会明白这是一则广告，这种中断体验的方式很容易造成他们的反感。最妥善的办法是在产品的界面中将广告设计得容易辨识，这既不让用户反感，也符合法规。

"大便头"是可以接受的用户名

8岁的孩子开始意识到成年人并不是无所不知的，有时候甚至会错得离谱。孩子们会用学到的脏话嘲讽成年人，会拿死虫子吓唬弟弟妹妹，为的是打破大人定下的规矩。作为设计师，我们有责任帮助让孩子，比如可以允许他们在游戏中破坏规则，在一个相对安全的虚拟环境中施展他们的聪明才智。

当然，你肯定不希望你的设计是毫无约束的。你也希望带给用户舒适的体验。因此，你需要在设计中抑制那些特别离谱的行为，但同时又要宽容对待看上去愚蠢却无害的行为。

比如，在孩子创建网络身份时可以给他们一定的创造权限。允许孩子自由选择一些搞笑的名字（只要这些名字不包含淫秽信息和明确的个人身份信息即可），他们会觉得自己已经瞒过了系统和那些开发产品的成年人。当他们每次用"大便头"（poopyhead）这个用户名登录时，心中都会暗暗窃喜。

ROBLOX是一个很不错的平台，孩子们可以在这个平台上创建属于自己的虚拟世界，让其他玩家来探索。孩子可以创建各种元素并赋予特定属性，从而满足自己天马行空的想象。简言之，孩子可以在这个世界里创造想要的一切。从图7.6可以看出，当"大便头"这个名字被占用后，ROBLOX会推送有创意的备选名字。

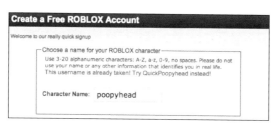

图7.6
ROBLOX允许用户使用搞笑的名字

　　另外，还可以在用户体验中允许一些非常规的行为。为什么不能让可怕的僵尸从树后跳出来吓唬邻居呢？为什么小猫不能长出翅膀飞到老师头上呢？

　　尽管ROBLOX的界面有些混乱，却给孩子们提供了一个施展创意的空间，他们可以制定自己的规则，创建任何他们想要的环境（见图7.7和图7.8）。这个平台是以建造主义（Constructionism）概念为基础开发的，它能帮助孩子同时学习逻辑、语言、数学等多方面的知识。

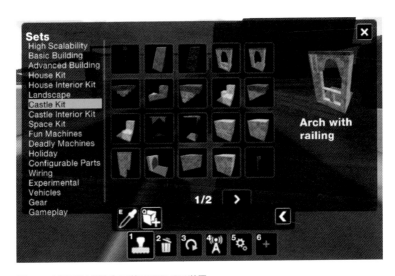

图7.7 孩子可以创造自己的ROBLOX世界

图7.8 孩子可以在ROBLOX世界中自由添加和删除元素

建造主义（Constructionism）是麻省理工学院的 Seymour Papert教授提出的。Papert教授是科技学习领域的权威人物。在1980年出版的著作《头脑风暴：儿童、计算机及充满活力的创意》（Mindstorms: Children, Computers, and Powerful Ideas）中，他描述了孩子如何通过创建计算机程序学习复杂的数学概念、逻辑概念和语言概念。这本书非常值得对科技教育感兴趣的朋友阅读。

ROBLOX产品理念很出众，但却不能掩盖它糟糕的使用体验。尽管系统中使用了许多通用图标来说明具体功能，但用户的学习成本很高。一个9岁的小用户很难搞明白该怎么开始建房子。我连在屏幕中简单地移动物体都感到困惑，也不知道为何就出现了图7.9中的界面。

系统提供的反馈方式还是值得肯定的。虽然9岁的孩子确实喜欢直接开始尝试，在失败后学习改进，但我怀疑9岁的孩子不明白该做些什么。如果ROBLOX的误提示包含一些教学信息就好了，比如"请先关闭建造菜单，然后才能继续移动物品"。

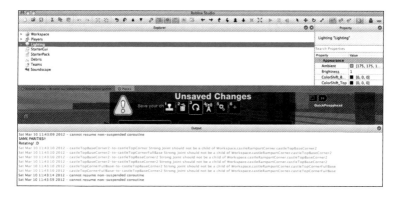

图7.9 我不知道这个界面的作用

　　总之，ROBLOX的理念还是给我们带来了不小的启发。对 8~10岁的儿童用户而言，能够自由探索并创建他们想象的环境 是一件很有趣的事。

　　你也许没有能力和相关许可去开发一个完全开放的系统， 让孩子们自由地操控自己创建的角色和元素，但你仍然可以将 这些想法融入更小体量的产品中去。给孩子们一些犯傻的空 间，也给孩子们一些展示自己的机会（比如用户名、头像 等）。同时，要肯定孩子们不同寻常的行为和想法。

信任问题

6~8岁的孩子对陌生人充满恐惧感，但8~10岁的孩子开始热衷于集体活动和社交活动。他们很可能比成年人更懂互联网，所以他们非常自信。这种自信也表现在与互联网上的陌生人交流中。像个人计算机和平板电脑这类众所周知且让我们信赖的电子设备，会通过什么样的方式给孩子们带来伤害？作为设计师，你必须意识到这个问题。

一年前，我针对企鹅俱乐部网站的使用情况做了一些调查。调查对象中有一个8岁的小男孩不愿意与网上的其他玩家交流，哪怕是用预设消息也不行。他向我讲述了发生在她姐姐身上的事。他姐姐10岁时把家里的电话号码发给了一个网上认识的男人，后来那个男人打来了电话，接电话的是他爸爸，他爸爸记下了对方的号码，并交给了在FBI工作的弟弟。第二天，在FBI工作的特工叔叔就来到了小男孩的家，把他们吓坏了。他意识到在网上泄露个人信息是一件很危险的事情。小男孩告诉我："如果你和网上的人说话，他们会找到你的住处，并会闯入你家偷东西。"

绝大多数用户没有在FBI工作的亲戚，在互联网上保护他们就成了设计师的责任和法律义务。

年龄门槛和家长许可机制已经不足以保证孩子们的安全了，你会发现这群孩子已经学会了撒谎。设计儿童网站时，要牢记社交功能并不是网站的主要目标。一旦孩子们觉得网站的体验太无聊或太幼稚，就会将注意力转移到社交功能上。对孩子们而言，能够在网上进行社交活动，就意味着他们已经长大成熟了。因此，如果产品本身就能让孩子们觉得自己"长大了"，那么社会功能的诱惑力就会大打折扣。因此，不要把产品设计得高高在上遥不可及。运用朴素的方式让用户轻松地得到酷酷的感觉。

Everloop是一个面向8~13岁儿童的社交网站，它通过监管和家长验证等机制为孩子们营造了一个安全的社交环境（见图7.10）。孩子们可以加入不同的圈子（loop）与有共同话题的人交流，家长可以管理孩子的使用权限，严格控制即使通信软件的使用，并且会在孩子结交新朋友时收到提醒通知。

这一切表面上看起来很不错，但是网站传递着这样一个信息："嘿！你现在还太小了，不能上Facebook那样真正的社交网站，所以我们为你设计了这个功能有所限制的版本"。

这个网站是一批自以为了解孩子喜好和需求的心怀善意的成年人设计的。过分强调产品面向儿童用户的特征，只会降低

图7.10 Everloop的设计拒孩子们于千里之外

孩子们对它的兴趣。其中的游戏、搞怪、视频功能都很幼稚，让孩子们嗤之以鼻，他们只能将更多的注意力转向聊天功能。该网站的配色和功能均模仿了Facebook的设计，仿佛在强调自己是一款简化版的Facebook。因此，这是一个典型的家长喜欢、孩子讨厌的产品。

如果将设计的重心放在为孩子们提供内容和体验上，也许他们会更感兴趣，也更愿意参与各种圈子，而不会沉迷于聊天。如此一来，就可以让孩子更自然地通过共同的兴趣爱好聚集在一起，而不是到处和陌生人交友聊天。

只要没人受到伤害，撒谎也没关系

我记得第一次看到小朋友撒谎的案例。那个9岁的小姑娘名叫Alyssa，我们当时在研究一批需要注册才能进行游戏的网站。在填写注册表单时，她在年龄一项中填了11岁，居住地谎填了新泽西（New Jersey）而不是宾夕法尼亚（Pennsylvania）。她没有必要这样做，于是我问她为什么要说谎。她是这么说的："只要没人受到伤害，撒谎也没关系吧。"在我的追问下，她解释说自己也不知道为什么要填假信息，但她当时就是"高兴那么做"。

这种现象比比皆是。孩子们的这种想法很强烈，他们觉得在网上隐瞒自己的信息不会带来什么坏的影响。在现实生活中，这些孩子绝大部分是非常诚实善良的。9岁的孩子告诉别人自己11岁了，会给她带来一定的快感。这种现象为设计师提供了一些很有意思的启发。

大部分孩子们会在"他们是谁"的问题撒谎，而不会在"上几年级"和"兴趣爱好"等问题上撒谎。通常情况下，他们会在网上填写真实的性别，因为他们已经形成了强烈的自我性别意识。但在年龄、居住地、长相方面，他们会充分发挥想象力。

Candystand.com（该网站已经关闭）是一个面向8岁及以上儿童的网站。该网站采用了一套标准的注册流程（见图7.11）。

孩子很可能在生日选项中输入与实际不相符的信息。他们并不清楚为什么必须先注册才能使用，但他们会觉得系统会根据他们的年龄做出一些判断，很可能他们因为自己年龄

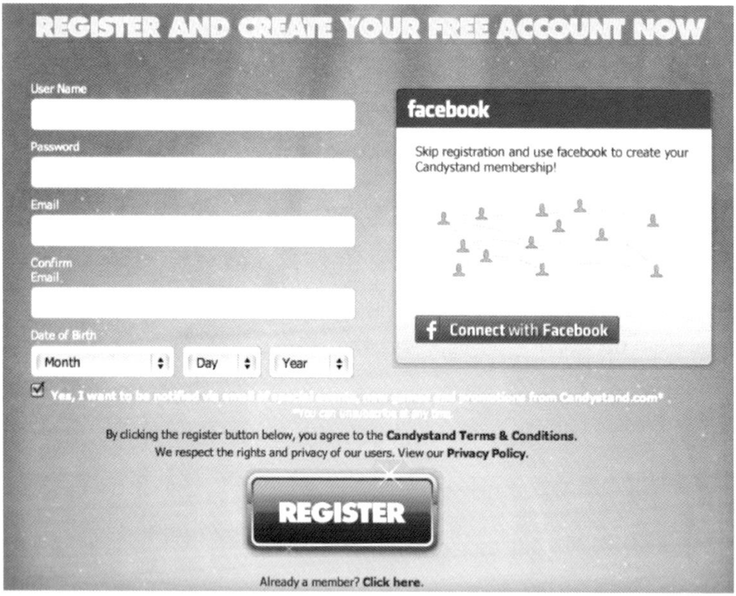

图7.11 孩子们很可能在注册页面的年龄选项中伪造信息

太小而在使用权限上受到限制，于是他们就会编造一个假的生日信息。

更好的解决方式是：把重点放在用户名上，因为他们在这方面最有创造力。然后可以让他们设定密码并做些好玩的事，比如选择星座或点击出生那天的天气图像。最后让他们选择出生的年份，把他们的创意消耗在注册流程中的其他内容上，如此一来，在最后的年龄和居住地选项上他们很可能不愿意耗费更多的时间来伪造信息了。如果你需要家长的Email验证，就在表单上添加一个用户输入Email地址的选项。除此之外，有些基本功能可以设定成孩子在没有得到父母许可的情况下也可以使用。当孩子们想要尝试那些需要得到父母许可的功能时，才提醒他们输入父母的Email地址。

你是否注意到右侧的关联Facebook账号的模块？Facebook明确表示只有13岁以上的用户才能访问该网站。我劝大家最好不要鼓励孩子们用Facebook账号进行登录（哪怕他们已经有了Facebook账号）。那样做是在鼓励他们违反Facebook条款，这绝对不是什么好事。最好创建自己的注册流程。如果孩子们对网站的内容感兴趣，他们会根据你的要求乖乖注册的。

家长也是用户

如果你是一个8~10孩子的家长，你很可能会收到一些家长验证Email。邮件信息会提示家长孩子正在注册一个具备社交功能的网站，你的孩子会在该网站上保存个人信息、作品和照片等，你的孩子还可以与其他用户进行互动。这些信息同时向家长传达了网站的目标、使命和优点等基本信息，以及家长该如何登录网站观看孩子们在网站上的动态。

此类邮件大部分都包含繁冗的声明、隐私政策和相关条款等信息，同时还包含如何监管孩子们行为的方法。我很少在家长验证Email中看到优秀的设计，但DIY网站的开发者们在这方面做得相当不错（见图7.12）。他们用平实的语言在这封验证邮件中讲述了产品故事：这是什么网站，这个网站该怎么使用，以及孩子在其中扮演的角色。

简洁的设计、醒目清晰的按钮以及通俗易懂的文字描述，都有助于家长了解允许孩子们使用DIY网站能够带来的好处。如果Email中充斥着各种法律术语，孩子们很可能难以得到家长的许可。DIY通过这封邮件将所有信息透明化。《儿童在线隐私保护法》要求企业向家长发送一封邮件，因此，如果设计师能够花些心思，便能让家长感受到一次良好的体验。

Your kid joined DIY!

DIY is a community where young makers do challenges and earn
Skills. Please verify that it's OK for them to join.

 ✔ Activate

Verification link:
https://parents.diy.org/
verify/fcae54b7-24cb-4a57-941b-
ce0cc86f8f41

Important Details

Avatar
Your kid chose a raccoon.

Nickname
They have a DIY nickname,
too.

Magnolia Guardian

DIY Member

Password
Their account is protected with
a password. You can change it
anytime in your Parent
Dashboard.

Portfolio
Once you verify, their portfolio
will be public at
diy.org/magnoliaguardian

iOS App
Download our app! This is the
easiest way for your kid to
capture what they make and
and share.

Skills
Also, check out all the Skills
they can earn. Help your kid do
any three Skill challenges and
they'll earn the patch!

Want to receive less email?
Adjust your notification settings.

Forget your password?
We'll help you reset it.

Need help?
Email Us!

Receive important updates

图7.12

DIY网址的家长验证Email有
助于家长了解网站的初衷

181

关于性别、复杂度和探索性

最近一些专门为小女孩开发的玩具和游戏引发了许多争议。我认为玩具公司将产品涂成粉红色并降低一些难度，就美其名曰"为女孩设计"的做法是偷懒且不负责任的。女孩和男孩喜欢的游戏方式区别十分明显。女孩更喜欢发现探索和协同合作的游戏，而男孩更喜欢竞技类、动作类和升级类的游戏。除此之外，男孩更擅长运用自己的空间想象能力，而女孩则更擅长综合推理能力。

为了满足这些设计要求，你首先要理解目标用户的需求、行为和想法。把设计重点放在游戏方式上，而不是用户的性别上。如果你要设计一款吸引女孩的产品，那就要为她们设计一些利用关联性解决的综合性问题。Webkinz和《口袋青蛙》（Pocket Frog）在这点上都做得相当不错：孩子们需要控制不同的参数来提升宠物的开心指数和安全指数。这也是此类游戏的核心价值主张（见图7.13）。

如果你要设计一款吸引男孩的产品，那就要加入更多具有竞赛感和冲击性（如撞倒物体、吹飞物体等）的元素。《坦克英雄》（Tank Hero）就是一款不折不扣给男孩玩的游戏（见图7.14）。

但更多情况下，为儿童设计产品体验需要同时满足男生和女生的需求。你需要评估整体设计目标，决定哪种方式能最好地满足两种用户。如果设计目标比较宽泛（如学习乘法运算），那只要同时包含动作性和探索性两方面的元素即可，但如果设计目标比较明确（如运用不同的零件创造复杂的结构并分享给他人），那就要好好根据设计目标琢磨用户的行为来做设计。

图7.13
Webkinz游戏强调关联、呵护和探索，对女孩子很有吸引力

图7.14 《坦克英雄》强调男孩子喜欢的战斗力

　　性别差异和设计本身一样，并不是黑白分明的。女孩也会喜欢射击类游戏，男孩子也会喜欢探索类游戏。关键在于根据不同的游戏、操作设计合适的交互界面。

本章思考问题

为8~10岁孩子设计和为更小年龄段孩子设计的重点完全不同。很快你将会看到为更大的孩子做设计的差异。在为8~10岁孩子做设计时，请注意以下几点。

你的设计是否涵盖以下几个方面？

☐ 是否在游戏失败时提供了情景化的帮助提示？

☐ 是否设定了具有一定复杂度但又不至于无解的挑战？

☐ 是否将广告与产品的实际内容做了明确区分？

☐ 是否为孩子们提供了一定的犯傻和犯浑的空间？

☐ 是否对社交互动有所限制？

☐ 是否将侧重点放在自我表达和成就感上？

接下来，我们一起来看看10~12岁这个年龄段的用户群。你会看到，这群孩子已经是相当老练了。虽然他们已经形成了极强的认知能力，但在为他们做设计时依然需要一些特殊考虑。

研究案例分析：Iris，9岁

最喜欢的App：《宠物收养院》（Fluff Rescue）

Iris是一个显得十分老成的9岁小女孩。她喜欢阅读、画画，也喜欢和朋友们一块出去玩耍。她会仔细阅读《纽约时报》的健康板块，也会用爸爸妈妈的iPad玩游戏。她喜欢那些可以一直玩下去没有终点的游戏。

Iris最喜欢的游戏是《宠物收养院》，她说："我感到自己在帮助小动物们，我可以给无家可归的小动物一个温暖的家，照顾它们长大，我很满足"（见图7.15和图7.16）。

图7.15 孩子们可以收养小动物，搭建房子并照顾它们

Iris向我介绍游戏的玩法:"你可以在游戏中领养小动物,把它们养在自己的小院子里,还可以出售小动物。收养流浪的小动物,只要点击选择购买就行。如果你有足够的游戏币,可以带它们去宠物医院做体检。"她已经搞明白了游戏中复杂的货币机制:"游戏币很重要,因为游戏里的物品都很贵。"

帮助小动物解决问题和赚钱都能够激发Iris对这款游戏的兴趣。"你必须谨慎,就算有不少游戏币,也要好好考虑是不是一定要买一些很贵的物品。"

图7.16 孩子们通过喂食等方式让小动物开心,才能获得游戏币

Iris和大部分8~10岁的小女孩一样：发现了自己喜欢的游戏后，只要有机会，就会玩上一会儿。她沉浸在游戏体验中，通过照顾和领养小动物完成各项成就获得奖励。"宠物收养院"成为了她繁忙的日程表（上学、课外活动、画画、阅读等）中的一部分。她说："当我发现了一个喜欢的App时，它就会成为我生活的一部分，就像每天刷牙洗手一样。"

除了手机游戏，Iris还喜欢dorkdiaries.com这个网站。她喜欢在这个网站上阅读《怪咖少女事件簿》（Dork Diaries）系列故事。她说："《怪咖少女事件簿》是给大孩子看的，因为故事很长，情节也比较复杂。"

Iris喜欢的App都和以下主题有关：叙事性、连续性、解决问题、综合平衡需求、赚钱（或交易）。有些主题能反映出性别特征，相较于激烈的体验，女孩更喜欢细致全面的体验。同时，这也反映出她的认知能力和应对难度更大的挑战的需求。

第八章

10~12岁儿童：
逐渐长大

Zachary，10岁

现实在人类的想象面前一直很渺小。

我们一直在努力超越。

——Brenda Laurel

10 ~12岁的儿童给父母和设计师都带来了不小的挑战。这些用户已经不再是小孩子了，他们不希望被当成小孩对待。他们会花更多的时间在Snapchat和Instagram这样的App上，而不再玩那些专为儿童设计的产品。他们虽然喜欢流行的App和游戏，但已经开始逐渐将科技当作搜索信息和交流的工具，而不只是娱乐的工具。这个阶段的孩子们开始使用智能手机和其他移动电子设备，这让家长越来越难追踪孩子在互联网上的行为。父母的管制也许有一定的效果，但过多的管制会破坏父母与孩子之间的信任。欢迎进入青春期！

他们是谁

随着孩子逐渐长大，要明确定义他们的特点和需求会变得越来越难。针对他们进行深入的调研变得越来越重要。表8.1总结了该年龄段用户的普遍特点。

表8.1 为10~12岁儿童设计中的关注点

10~12岁儿童	这意味着	你需要
能够想象特定行为和决定带来的后果	他们在行动之前会深思熟虑	删除不确定的元素。在体验中给他们提供一些难以决策的内容，并运用设计技巧将其简化
能有创意地思考	他们喜欢自己掌握剧情的走势并决定自己想要的结果	斟酌游戏情节是不是连续的？能不能为用户提供多种剧情线路
开始更多地使用移动电子设备，在电脑上花费的时间越来越少	他们开始在更小、更私密的空间体验数字化产品	优先设计移动端产品（哪怕是创建网站）
对那些让他们看起来与众不同的东西越来越敏感	他们开始感觉到自己与周围格格不入，就好像没人能够理解他们	鼓励个性化。尽可能少地强调那些非黑即白的答案，更多地强调具体事件发生的情境
把自己看作一个"专才"而不是"全才"	在形成自我认同的过程中，他们开始选择自己喜欢、擅长并感兴趣的事物	开发一些聚焦于特定兴趣领域的产品，如美术、音乐、科学、动物等

删除不确定的元素

10~12岁的儿童已经能够抽象思考，他们具备理解复杂场景的能力，并能想象自己的行为和决定可能带来的后果。这种思考能力会在他们行动前带来不小的烦恼。为这群用户做设计是一个不小的挑战，一方面你希望他们有一些可以自主选择的空间，另一方面又不想让他们陷入犹豫不决迟迟无法做出决定的境地。

该如何解决这个难题呢？怎样才能设计出吸引人又不会让用户产生不适感的产品呢？答案很简单：保持简单。我们来看几个案例。

《皇家守卫军》（Kingdom Rush）是一款为10~12岁儿童设计的游戏（见图8.1）。这款游戏包含策略、设计、幻想、反派人物等各种元素，游戏有一点点血腥，但充满了冒险体验。玩家需要在通往城堡的道路两旁有策略地建设防御塔，保护城堡不受到哥布林（小妖怪）和半兽人的侵犯。游戏的细节设计恰到好处，足够引起小玩家的兴趣。游戏的界面十分简洁，以便让用户专注于游戏本身，而不会因为其他细节分心。这款游戏的核心在于战略思考，简洁的功能有助于让玩家专注思考游戏策略。

图8.1　《皇家守卫军》的设计让孩子们专注思考游戏策略

孩子们需要根据自己的预算和接近城堡的敌人类型，选择防御建筑的类型和建设地点。每种防御建筑都有特定的防御功能来应对不同类型的进攻，玩家可以根据实际情况选择合适的防御建筑（见图8.2）。

《皇家守卫军》运用了具有代表性的卡通图形进行游戏提示（如财务管理、物理原理和游戏策略等）。这些设置正与孩子们具备的解决复杂问题的能力相匹配。孩子们可以在这个几乎不用任何额外解释的游戏界面中发挥自己的想象力和理解力。

我们再对比一下游戏《机械迷城》（Machinarium）。这款游戏可以称得上是最美游戏之一。游戏中的一切都很美：唯美的图形设计、引人入胜的故事情节、有趣的角色设定。但10~12岁的玩家却很不适应，因为游戏中的机关设置得很隐晦。

图8.2 孩子们建设防御塔保护城堡

图8.3 《机械迷城》隐晦的机关让10~12岁的孩子很难适应

　　游戏目标是帮助小机器人解开各种谜题并收集物品，从邪恶的黑帽帮手里救出心爱的女友。玩家需要寻找线索，为完成任务争取时间。

　　这款游戏对处于具象思维阶段的6~8岁儿童再合适不过了，他们只会依据表象作出选择并乐此不疲。但10~12岁的儿童在作出决定之前都会考虑可能带来的后果，这款游戏会让他们十分纠结，因为游戏中要完成的任务很多，且每个决定都需要仔细斟酌，这会给他们带来很大的压力。这款游戏是为成年人开发的，游戏的隐藏线索中涉及香烟和毒品元素，而且很多谜题需要用户具备一定的抽象思维能力才能解开。有趣的是，年幼的孩子们好像对它情有独钟。我一个朋友5岁的孩子对它爱不释手，但另一个朋友11岁的孩子玩了几分钟就放弃了。

造成这种差异的原因是这类探索式的游戏会让即将步入青春期的孩子感到不安。游戏中的每个机关都会让他们犹豫不决。这款游戏没有采用简单的叙事方式引导用户，而是让用户自由探索，这会让10~12岁的儿童不知所措。

《机械迷城》是一款非常出色的游戏，只是对刚刚习惯考虑后果的小用户而言，游戏的开放性和探索性太强了。为这个年龄段的儿童设计产品，应该适当降低游戏的探索性，而将重点放在如何激发孩子的创造力上。

让孩子们讲述自己的故事

10~12岁的儿童不仅具备了联想行为与后果的能力，还拥有非凡的创造力。他们喜欢创造自己想象中的故事情节，并寻找达成这种体验的途径。10岁之前的用户最感兴趣的是游戏过程本身，但10~12岁的儿童开始关注游戏的终点和故事的结局。作为设计师，你的任务是将游戏的终点和故事的结局尽可能设计得趣味无穷、令人向往，并且让孩子运用他们的想象力找到通往终点的路径。

有很多产品在这一点上做得非常不错。比如，我就很喜欢《Skrappy》这个App。孩子们可以运用这个App创建有意思的多媒体相册讲述自己的故事（见图8.4）。

图8.4 孩子可以编辑照片、视频、音乐等素材

孩子们可以选择自己喜欢的模板，然后导入视频、音乐和照片，做成一本多媒体剪贴簿。《Skrappy》的界面简洁有趣，目标明确，用户只要充分发挥自己的想象力即可。设计师为用户提供了一些建议，但不会过分强调使用某种素材（见图8.5）。《Skrappy》为用户提供了多种叙事的方式和途径。

图8.5 孩子们可以选择自己的叙事方式和途径

《Skrappy》在多选项决策、创意探索和个人陈述这三个主题上处理得十分平衡。我写这本书时，它的选项还很有限，但我相信在未来的版本中我们一定会看到更多的选项，以更好地帮助孩子们进行自我表达。

相比较而言，《Photo Grid》拼图软件在一定程度上限制了用户的参与。用户必须遵守App中单一的方式创建拼图，这大大降低了孩子们自我表达的机会（见图8.6）。对于那些习惯使用Instagram的孩子而言，这款产品看上去似乎一点也不费脑子：拍几张照片就能做成一副拼图分享给朋友和家人。但App中有限的模板和功能造成了单调拘束的体验感。这款App对于那些想快速将宝宝照片分享给家人的成年人用户而言确实很方便，但对10~12岁的用户而言限制性太强了。

我也在用这款App，我特别喜欢它快速创建拼贴画的功能。我也常常使用那些功能添加视觉特效的元素。

我作为一个成年人，最在乎的是它的高效性和即时的满足感。这一点与10~12岁的儿童用户是不同的，他们更在乎的是表达自我和区分自我的方式。这个例子说明我们喜欢的产品不一定受儿童欢迎。

图8.6 《Photo Grid》对10~12岁的儿童用户限制性太强

移动端优先

与电脑相比，10~12岁的孩子用得更多的还是手机。据推测，美国78%的青少年拥有手机，23%的青少年拥有智能手机。这个数据每年都在增长，而增速最快的是10~12岁这个年龄段的孩子。这意味着我们在设计产品时，首先不仅要确保产品在移动端设备上的可用性，而且要思考这些年轻用户使用产品的情境，是在校车上、餐厅里，还是做完作业后躺在沙发上？

如果你要为10~12岁的儿童设计一个网站，同样要优先考虑网站在移动设备上呈现的视觉和方式。优先考虑移动端有一个好处，由于屏幕面积有限，你必须简化设计，去掉多余的元素。

我们来看看giantHello这个专门为10~12岁儿童设计的社交网站（见图8.7）。设计师最初没有考虑移动设备，结果用户在手机上必须放大网站页面才能触摸链接和按钮，而当页面放大时，大部分内容都不在手机屏幕里了。

孩子们很可能喜欢在电脑上使用这个网站。但到了手机上，使用体验就太差了。随着越来越多的网站朝着"响应式设计"的方向发展，"移动端优先"的原则将越来越受到重视。

图8.7
giantHello网站上的内容被
智能手机浏览器切掉了

你可能会接到一些设计项目，明确要求有电脑版本（或平板电脑版本）。因为像注册、家长验证等需要输入大量信息的任务使用大屏幕更容易。对于这样的项目，我的建议是先疏理产品主要内容：体验流程、交互方式和用户任务等。最后再考虑添加其他元素。这样的设计更容易在移动端上实现。

赞赏个性

这个需求可能是为10~12岁儿童做设计时要考虑的重点。所有家长都会告诉你，会越来越关注这个年龄段的孩子的个性差异。孩子都会在10岁时表现出一些微妙的行为。即便是那些看起来没有叛逆迹象的孩子，也开始产生更强的自我意识感、希望引人注意。

当孩子们开始觉得自己与周围世界格格不入时，设计师需要让孩子们发现一些对自己有意义的活动。我们之前已经讨论过，可以允许孩子在数字化环境中创造属于他们自己的故事，另外，强调一些灰色模糊的概念取代那些"非对即错""非黑即白"的概念也很重要。

这个年龄段的孩子开始对那些有标准答案的测试感到不知所措，原因很简单：他们已经能够根据场景联想各种不同的可能性，但却被要求找出那个特定的答案。最佳的用户体验会让孩子们通过自我探索和自我发现找到共鸣，而且不会让孩子对自己是正确的还是错误的产生焦虑。

我很喜欢《星空漫步》（Star Walk）这款天文App，它尤其适合10~12岁的小用户。App的设定很简单：孩子们拿着iPad对着天空就能看到这片天空中存在各种球星，就像一扇通往太空的窗户（见图8.8）。App中的星空图和音乐极具神秘感，为用户营造了一种个性化的氛围。这种对宇宙中不同星球细微差别的赞赏，能引起孩子的共鸣，让他们感觉到自己的个性特征也一样美丽。

图8.8 孩子们可以通过《星空漫步》探索星空

　　《The Elements》是一款元素周期表教学App（见图8.9），它与《星空漫步》有着异曲同工之妙。这款App让孩子们从不同的视角了解元素周期表，并赞美了每个元素独一无二的属性和特点，每个基础元素都有详细的说明信息。它让元素这种乏味的东西变得非常有趣。

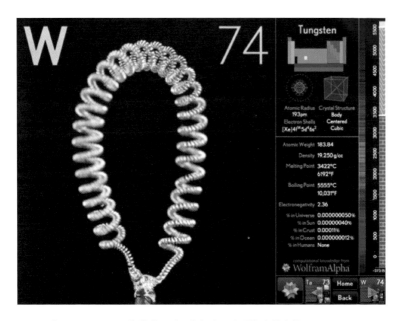

图8.9 《The Elements》激发了孩子们探索元素周期表的兴趣

　　孩子们可以通过观看图片对元素产生直观的印象，也可以通过阅读说明了解每个元素的历史和物理化学特征（见图8.10）。

　　每个元素的独特性通过精美的图片和生动的说明展现得淋漓尽致。这种方式有助于孩子们对这些元素产生浓厚的兴趣，并自然而然地将自己的个性与之相关联。这非常有利于培养孩子们学习自然科学的兴趣。

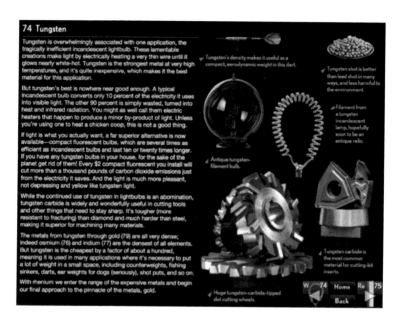

图8.10 孩子可以阅读详细的元素说明

小提示 危险的App

青春期前的孩子会突然对匿名聊天App产生浓厚的兴趣，他们可以通过这些App发现居住在附近的陌生人，并向他们分享信息和照片。这些孩子正处在身份认同感的挣扎期，渴望吸引关注。这类App很容易让他们陷入危险的境地，令父母担忧，也会让孩子自己感到害怕。如果你的产品有聊天机制，一定要确保有内容过滤和骚扰举报机制。

专业化

《星空漫步》和《The Elements》这两款App不仅能让孩子们更好地欣赏自己的个性并与周围的世界建立关联，还能激发孩子对天文学和自然科学的兴趣。10~12岁的孩子逐渐明白，正是他们喜欢的东西和爱做的事情让他们变得特别，因此，我们可以创造一些专业化的App，让他们接触高度个性化的内容。我有一个非常聪明的表妹，她在12岁时就把自己当作一名伟大的诗人。那时她就开始寻找一些自己擅长并感兴趣的事情，并将精力都投入到那个领域里，因为那是她看待自己的方式。孩子们喜欢能让他们感受到自己特殊才能的App。

既然他们渴望得到与自己个性相符的App，自然就不会下载那些与自己个性不相符的App。例如，要让一个喜欢写作却不爱几何的小男孩下载几何游戏几乎是天方夜谭。无论一款App多么有趣，只要无法契合他们的兴趣点，就很难让他们买单。

因此，在邀请该年龄段儿童参与调研之前，先要定义一个清晰的领域，找那些对该领域很感兴趣的孩子参与。否则，你只会得到一些并不完整的数据，这样的结果对设计产品是毫无意义的。

本章思考问题

在为该年龄段儿童做设计时，请考虑自己该如何解决下列
问题。

你的设计是否涵盖以下几个方面？

- [ ] 是否通过简单的界面设计为用户提供了解决复杂问题的机会？
- [ ] 是否提供了多种不同的叙事方式和叙事途径？
- [ ] 是否适用于移动端设备？
- [ ] 是否将重点放在具体的场景和情境上，而不是"非对即错"
  的答案上？
- [ ] 是否提供了一个十分明确的兴趣领域，让孩子感受到特别
  之处？

研究案例分析：Alexa，10岁

最喜欢的App：Instagram

Alexa是一个外向且爱社交的10岁小女孩。她喜欢跳舞、拍照，也很享受和家人朋友在一起的时光。她最喜欢的App是Instagram。Alexa向我详细介绍了Istagram的功能，以及她喜欢它的原因。她向我演示了使用方式。我们还讨论了分享功能、相关规则和不受欢迎的关注者等话题。

她对我说："我很喜欢Instagram。你不仅可以看朋友的照片，还能看到很多不同的东西。我也喜欢发照片。我觉得让朋友们看到我正在做的事情是一种很酷的感觉。比如我拍了一张和表妹的合照，就能告诉朋友们我正在参加姥姥家举行的家庭聚会。"

我问她如何看待别人随时都知道她在哪儿这件事。她说："这个App确实知道你在什么地方，但它不会把你的具体地址公开。你只要在发布前设置隐私选项，那么这张照片就只能让好友看见。"

Alexa向我展示了Instagram如何关注或屏蔽他人的功能。她对使用这个工具非常有把握："App中有一个按钮，你只要点这个按钮，就能阅读与对方有关的所有信息，比如有多少关注者，上传了什么照片等。上面还有一个勾和一个叉，看见了么？如果你想要关注对方就打钩，这样对方也能关注你。如果你打叉，他们就无法关注你了。"

Alexa说："爸爸妈妈一般会在我发布照片或视频之前检查一

遍。我妈妈也有Instagram账号，她也可以在Instagram上检查我和我妹妹发布的照片。"

Alexa的父母在这方面很通情达理，但也有些担心，他们告诉Alexa在Instagram上可能会遇到形形色色的人。Alexa说："很多人都在Instagram上伪造信息，比如你可以看到很多叫Dance Mom的用户，但只有一个是真正的Dance Mom。上面也有很多人用Justin Bieber的头像和名字，但是你一个都不能信，也不能告诉他们任何关于你自己的信息。"Alexa对于分辨用户的"真假"也有自己的策略："你要看看他们发布的照片，如果对方真的是Dance Mom，肯定会发布一些网上找不到的照片。你还能从他们发布的视频和其他信息中分辨真假。"

Alexa喜欢在App中摸索各种功能。每当她看到不认识的按钮，她就想知道这个按钮有什么作用。她说："我会自己尝试所有按钮的功能。有一个按钮只要你一点，就会出来一大堆人。我一点也不想看那些照片，都是一些没人认识也不知道从哪儿来的陌生人，有些人甚至不穿衣服。"

与Alexa有关的设计主题包含：创作、叙事、分享和连贯性。她喜欢拍照并使用Instagram上的滤镜修图，然后将照片分享给她的朋友。与很多相同年纪的孩子一样，Alexa刚刚发现虚拟社区，也从中看到了一些让她不舒服的东西，但她能自己选择是否关注或屏蔽对方。

第九章

设计研究

Savannah，8岁

游戏是研究的最高形式。

——Albert Einstein

无论是哪种类型的孩子，我们总能找到一种合适的方法对他们进行研究。一般来说，只要你仔细观察他们玩耍，认真听他们讲话，就表示你已经走上正轨了。如果你能进一步针对目标年龄用户的认知能力、身体发育和相关能力制定研究方案，那你就离成功不远了。

本章将针对儿童这个特殊群体介绍一些实用的设计研究方法。用户研究的工具、方法、活动和操作方式非常丰富，我们仅介绍其中的一小部分。感兴趣的读者可以阅读Mike Kuniavsky的《观察用户体验》（Observing the User Experience）与Leah Buley的《用户体验多面手》（The User Experience Team of One）。

通用指南

　　该如何针对儿童用户进行设计研究呢？本书第二章回顾设计流程的"吸收"和"测评"两个阶段时，已提及了这方面的内容。对儿童这个特殊群体进行用户研究并没有一套严格的流程，但我们可以通过一些具体的活动使研究进展得更为顺利。

　　总的来说，让孩子动手参与比问答的方式更有效；孩子用自己最舒服的方式进行表达时，研究才能达到最理想的效果。本章列举了针对不同年龄段儿童的研究技巧，目的是为你提供一些搜集数据的方法，帮助你改善用户体验设计。

保持流畅性

　　没有人喜欢一遍又一遍地尝试完成同一个任务。如果孩子们无法按照你的要求完成任务，或是无法回答你的问题，就进入下一个任务或问题。试着换一种方式获取你想要的答案，不要一直追问同一个问题。我的经验是，每个问题最多问两遍，如果对方答不上来，就跳过这个问题。这样做不仅可以保持研究的流畅性，还能确保你获得有效的信息。只有如此，参与者才能始终保持兴奋和专注。

让用户主导

　　把自己当作一个学习者，而不是主导人。你需要参与者帮助你验证假设是否正确，因此始终要让参与者（儿童）处于主导地位。如果你想问一个验证性的问题，就要确保该问题具备开放性，让孩子们感觉一切都在他们的掌控之中。如果你需要他们做某件事，不要向他们下达命令，而是要表现出对这件事很感兴趣。放下主导权，你才能得到真实可靠的研究结果。

我曾做过一个有关虚拟世界的调研，当时我遇到了一个大约7岁的小姑娘，她这个年纪的孩子非常害怕出错，所以开始时她对我提出的问题有些不知所措。她发现我身后有一面白板和一堆彩色的马克笔，她问我能否让她去白板那儿画画。我答应了她的请求。她抓起笔在白板上画出了她想象中的虚拟世界，这幅画传达的信息很有见地和启发性，让我大吃一惊！如果只是让她在电脑前完成我预先准备的任务，结果一定没有这样来得深刻。把主动权交给她，让她用自己最擅长的方式分享她的想法，才能帮我更好地挖掘出关键用户的需求。

小提示 师徒模式

运用师徒模式进行儿童用户研究是一个很好的办法。在研究过程中，把孩子们当作是技艺超凡的师傅，研究人员则是通过观察和提问学习技艺的徒弟。运用该模式时，要确保自始至终把参与者当作专家，鼓励他们大胆地教你，而你自己则耐心地观察听讲。

提供完整性

即便时间到了，也要让孩子完成尚未完成的任务，而不是半途而废。如果经过两次尝试后还没有成功，就向他讲解正确的做法并询问他是否能想到更简便的方法。假如孩子全神贯注地沉浸在项目里，不要打断他们，要么帮助他们共同完成，要么允许他们把材料带回家继续独立完成。成年人如果没能完成测试，我们就会让他们直接进入下一个环节，不会向他们展示完成任务的正确方法。但孩子（尤其是6~8岁的孩子）对此却十分敏感。为他们提供一个完整的研究过程和体验尤为重要。

制订计划

孩子希望知道他们要做些什么，尤其是在一对一的情况下。要清楚地告诉他们接下来你们会做哪些事，并解释为什么要这么做。比如，你可以这么说："我们今天要一起试试iPad上的几款App。我希望你向我展示这些App都是如何使用的。我会问你一些问题。然后我们就可以一起去找妈妈啦！"

保持坦诚

向孩子说明研究目的，并告知他们正在帮助你设计更好的网站和App。如果研究环节在实验室进行，可以先带着孩子参观，他们很喜欢参观新奇的设备。如果有同事在观察室观察，可带孩子进去和他们打个招呼。当他们知道有人在观察自己时，会觉得自己非常重要。

家长知情许可书

我们首先要得到家长的知情许可，才能让儿童参与研究。如果你之前做过相关研究工作，那么你对知情许可书的格式应该有所了解；如果你从未参与过儿童研究，那么你应该了解一下知情许可书应该怎么写。

小提示　与规范有关的更多信息

如果不了解美国联邦法规中有关以人为对象测试的相关规定，你可以访问在线工程科学伦理中心 (Online Ethic Center for Engineering and Science) 的网站：www.onlineethics.org。

在美国，18岁以下的青少年儿童无权为自己签署知情许可书。因此，研究人员必须将知情许可书发放给家长或法定监护人签字。知情许可书的内容尽可能使用平实易懂的语言（避免拗口难懂的法律术语），确保家长完全了解其中的内容。如果你研究的在线网站或者App需要用户注册信息才能使用，就要告知他们可以使用虚拟信息，同时在知情许可书中明确说明不会使用孩子的真实信息。如果你打算录音或录像，则要提前告知家长录音或录像材料会用于何处。比如，如果你想把这些材料展示给客户，那么都必须在家长知情许可书中做详细的说明。图9.1是一份家长知情许可书的范本。

<项目名称>

项目介绍

您好，我们邀请您的孩子参与一项调查/测试/比较/评估。这项研究是为了了解<研究目的>。您孩子的数据将仅用于研究项目，我们不会保留任何个人身份信息，也不会在向第三方分享研究结果时透露有关孩子的任何个人信息。

研究中包含哪些内容？

我们将请您的孩子参与<研究任务或活动>，整个研究过程预期用时<研究时间>。孩子可以随时提出终止研究。

录制须知（如果需要录制测试过程）

我们将在研究过程中录制视频/音频，这些信息只用于项目研究，不会公开发布，有权使用该视频/音频素材的其他参与方名单如下：

<其他可能会浏览这些素材的参与者名单>

回报

您的孩子将会得到<奖励>作为参与回报。

儿童参与研究项目许可

作为家长或法定监护人，我同意授权<孩子的名字>参与上述研究项目。

儿童姓名：_____

儿童生日：_____

父母或法定监护人姓名：_____

父母或法定监护人签字：_____

日期：_____

研究项目负责人签字：_____

<家长签字后，将文件复印件交给家长>

图9.1 家长知情许可书文件范本

物色儿童参与者

寻找儿童参与者可能是研究过程中最具挑战的一个环节。没有几个家长愿意让陌生人来家里观察孩子的活动；让家长带孩子去实验室进行研究只能让他们稍微踏实那么一点点。我曾经接触过几所学校和托儿所，提出想对儿童进行研究。一般来说，只要和家长进行了前期沟通，对方都很愿意帮助我们。为了丰富数据样本，最好在不同的地区联系多家儿童机构。最好选择相同比例的男生和女生，除非你要为特定性别的儿童开发产品。

另一个物色参与者的好办法是与有儿童发展项目的大学机构取得联系，这些机构一般有附属幼儿园，这些学术机构更容易获得家长的信任。

小提示　奖励与酬劳

如果在一般研究项目中你付给成年人参与者100美元作为酬劳，那么也应该为儿童参与者提供等值的礼品卡。你也可以从一元店买些小礼品做成大礼包送给孩子，这会让他们感到即刻的满足感。记得把奖励交给家长，因为孩子总是丢三落四的。

如何研究最小的用户

如果你有机会研究2~6岁的儿童，就会发现这既困难又有趣。最实用的方法是让孩子们自在地玩耍，并对他们进行观察。

儿童－家长共同参与研究

这个年龄段的孩子在自己信任的成年人的陪同下更容易说出想法。因此，最好请家长或护理人共同参与研究，他们甚至可以充当研究员的角色。家长的陪同能给孩子极大鼓励，而且他们最熟悉自己的孩子，当你不明白孩子在说什么时，他们可以给你当翻译。

无论选择何种研究方法，都要提前和家长沟通，告诉他们你期望他们如何参与。有些家长非常在意孩子能否给出"正确"答案，甚至会给孩子一些提示，这时你需要向家长解释，答案没有正确与否，孩子所有的回答和反馈对你来说都是宝贵的数据。有些家长非常热心，他们想帮你用另一种孩子听得懂的方式提出问题，但这种做法可能会对孩子产生误导。因此，在研究开始前要告诉家长，中途可以鼓励孩子回答问题，但不要转述你的问题。

家长也是用户

在研究过程中，家长往往会打断你并用自己的方式重复你的问题，或是帮你翻译孩子们的想法。这些家长往往都比较年轻热心，且具备一定的专业知识；他们的孩子都很小，还无法用语言清楚地表达自己的想法。

解决这个问题的方法就是请家长做你的研究助手。让他们主导一些特定的活动（比如，取玩具或实验道具），并询问他们的想法和意见。不要忘了时不时表扬孩子聪明、有创意。家长听到你表扬孩子会感到很放松并配合你的工作。

研究技巧

这个年龄段的孩子的抽象思维能力才刚刚萌芽，尚不具备根据假设情景思考的能力。最好的方法是直接观察：最好在孩子自己家里进行观察，因为那是他们最熟悉的环境。你不必去观察孩子与数字产品具体的交互细节，但一定要确保能观察到孩子玩耍的过程。

用户访谈

在开始观察之前，最好让孩子（和家长）适应你的存在并告诉他们接下来的安排。孩子和大人一样，也喜欢和别人聊天，讲自己的爱好。你可以先介绍自己，告诉他们你想为小朋友设计好玩的游戏，需要得到他们的帮助。还可以问一些简单的问题，比如"你最喜欢什么书？""你最喜欢什么电视节目？"等。这时如果有家长提示也无关紧要，因为此时的目的是和对方熟悉起来。你甚至可以向他们透露一些私人信息，比如你小时候喜欢的玩具，你有多少兄弟姐妹等。

这时最好不要做笔记，因为孩子和家长可能会误以为你正在判断他们的回答。如果随行的还有其他观察员和记录员，可以让他们一起参与到对话中来。如果已经获得了家长的许可，可以把这个环节录下来。最好用小巧的设备，放在隐蔽处，否则容易让孩子分心，无法专心完成你提出的任务。

情景访谈

如果你在用户家里进行研究，可以让孩子向你展示他们的玩具。观察他们是如何玩耍的：是立刻奔向那些会发声、会动的玩具，还是给你拿出了他最喜欢的玩具娃娃？观察孩子在每个玩具上花费的时间，看看他们是花更多时间在能与他们互动的玩具上，还是那些不会"说话"的玩具上。在观察的过程中可以问他们一些具体的问题，如"按下这个按钮会发生什么？""你的大象最喜欢吃什么？"等。这能帮助你了解孩子究竟喜欢需要想象力的游戏还是那些花里胡哨的东西。

你可能要观察好一阵才能得到一个结论，因为这个年龄段的孩子往往会在各种游戏间快速切换。作为研究者，你得具备分辨孩子究竟喜欢哪个游戏的能力。

研究所得的数据有助于你了解在设计中该如何架构信息，以及该包含怎样的任务。你还会知道用户到底是喜欢自由发挥的游戏，还是有特定反馈的游戏。

实验室研究

如果研究过程在实验室中进行，那么你需要为孩子们准备一堆适龄玩具。乐器、蜡笔、纸张、玩具娃娃、积木等都是不错的选择。同时你需要在研究室摆放一台计算机或平板电脑。尽可能模拟家庭环境，并鼓励孩子像在家里一样自由探索，然后观察他们的行为。孩子们需要花时间适应实验室的环境和各种道具，如果你和家长多给予一些鼓励，他们会适应得更快。

小提示 少为幼龄儿童安排集体活动

我不建议为这个年龄段的儿童安排集体研究活动，因为这些孩子非常自我，很难在活动中相互配合。如果你要进行小组研究，试着只安排一些观察性的研究活动，然后再对他们进行一对一的访谈。

如何研究 "控制狂"

不管你信不信，6~8岁的孩子一定是最配合的研究对象。只要你提前向他们说明白你的安排和原因，他们会立刻进入积极配合的状态。但这群孩子不会主动表达信息，因此在准备研究问题时需要多花点心思。6~8岁的孩子在小组活动中表现非常不错，尤其是在他们相互认识的情况下。一对一的访谈他们也很在行，因为他们已经能够运用语言和创造力清晰地表达自己的想法。

让他们说话

在实践中采访的方法非常适合这个年龄段的用户。他们愿意和你讨论自己在网上都做些什么，也会主动告诉你他们喜欢的游戏和活动。开始先问一些简单的问题，比如他们的智能手机和平板电脑的使用情况，或是他们平时都喜欢看哪些电视节目。也可以问问他们的父母对他们使用电子产品有哪些约束，看看他们是如何看待这些规定的。这些问题能够帮助他们更快地适应访谈并做出从容的回答。

这群孩子不太愿意讨论他们不喜欢的网站，此时你要运用"幼稚"这个最具杀伤力的词激发他们的讨论。比如"你觉得哪些网站或App是专门给幼稚的孩子准备的？"当你觉得他们不太愿意分享信息时，试着将问题的焦点从他们身上转移到朋友和家人的身上。比如可以问："你最好的朋友最喜欢在网上做什么？""你哥哥喜欢玩什么游戏？"

正如之前所讨论过的，要让孩子感觉自己是一个专家。因此，你要让他们来教你。这个技巧对这个年龄段的孩子十分管用，因为他们很在乎别人对他们的看法。可以谦虚地问一些问题，例如"我不清楚你们二年级学生都喜欢上哪些网站，能跟我讲讲么？""我在iPad上玩过《愤怒的小鸟》，除此之外，iPad上还有什么好玩的游戏？"但要注意不要表现得太无知，否则很容易被他们看穿。一旦被识破，你就会失去他们的信任。

访谈时间应该控制在15分钟以内，否则孩子们很快会感到无聊，开始敷衍地回答你的问题。这样的回答对你而言毫无意义。

挖掘你内心的印第安娜·琼斯

印第安纳·琼斯（Indiana Jones）教授擅长挖掘冒险的热情。如果你也采用相同的策略，一定会获取大量宝贵的信息。在一对一自由探索实验中，邀请参与者自由探索相关网站和App，同时要求他们对自己的所作所为做出说明。你需要多鼓励这些小用户，因为他们担心自己会犯错。一旦你能让他们开口说话，就离成功不远了。如果他们一直保持沉默，你可以指着屏幕中的元素对他们说："哦！那是什么啊？你觉得点击后会发生什么呢？"如果他们找到了感兴趣的游戏，就让他们尽情地玩。你可以在一旁观察他们的行为，看看他们是怎样一步步从新手变成熟悉的玩家的。（可行性测试与此测试有所区别。在可行性测试中，如果用户连续尝试两次均未成功，就直接进入下一项任务。但在探索性测试中，你需要孩子自己主导探索的过程。）

探索性测试要重点关注那些吸引孩子花费大量时间的活动，以及孩子在做喜欢的事情时的肢体语言和面部表情（坐直了，离设备更近了，还是手舞足蹈不停摇晃？）如果他们不知道该如何表达自己最喜欢的活动，你可以问他们："你会怎么向妈妈描述这个活动呢？""你觉得你最好的朋友会喜欢这个活动么？"这些问题有助于挖掘出最重要的因素。

拿出蜡笔

凭我的经验，想要得到为6~8岁儿童设计产品的有用信息，最好的方法是安排用户参与式设计小组。邀请三四个彼此熟悉的小朋友（如学校里的好朋友或邻居）组成小组。首先，让他们聚集到一张大桌子上，为他们准备一些蜡笔、彩笔、马克笔、橡皮泥和白纸。然后根据你想要了解的具体内容布置设计任务。比如，在对橙色星球网站进行前期调研时，我把一群小朋友聚集在一起，要求他们画出觉得宇宙飞船中该有的东西。结果我们得到了五花八门的想法，如熔岩灯、机器狗、超级望远镜等。于是我们根据这些想法，在网站中设计了一批孩子们可以通过游戏币购买的物品。

如果你要设计一款App，可以打印几张空白的iPad/iPhone模板，让孩子们在上面画出自己的想法。这些模板可以帮助他们打磨自己的想法，以便更好地表达他们想在屏幕上看到的内容和期待的体验。鼓励他们合作，让他们对自己的想法做出说明，并以此为基础向他们提问，以激发他们更多的想法。

孩子们可能会想出一些无法实现的想法，有些想法甚至很荒谬。但这些信息能帮助你了解他们是如何将信息概念化的，他们是如何排列产品特点的，以及他们觉得哪些东西是真正好玩的。

观察6~8岁的孩子时，可以将研究过程拆分为不同的活动主题，让孩子们轮流参加。比如，可以在一个房间内进行访谈，在一个房间里让他们使用电脑和移动终端，还留一个房间让他们休息。当然，你至少需要两名成年助手的协助，最好有一位有经验的研究员。接下来就可以邀请一组相互熟悉的儿童（不要超过5个人），让他们轮流进入不同的房间。将每项活动控制在15~20分钟。这样做不仅可以避免孩子们感到无聊，还能为我们提供许多额外的观察机会。在休息室中准备零食、果汁、游戏、拼图、绘画材料和观看视频等物体，并安排一位研究员在休息室中观察并记录孩子们的行为和选择。这样做可以为你提供更多的背景信息。

如何研究"小专家"

对8~12岁的儿童进行研究并非易事。他们更在乎的是你对他们的看法，回答问题会比较谨慎，他们不想向你炫耀他们的学识，却愿意给你留下很酷的印象。他们很可能不会给你好脸色看或是表现出爱理不理。因此，你要有耐心，像对待成年人一样对待他们。

坚持"一对一"原则

8~12岁的儿童更适合"一对一"的研究方式，这一点与2~4岁儿童得类似。小组测试对他们不再适用。一旦此类对话或活动与他们的预期有差异，他们就会表现得极不耐烦，使测试无法继续。在"一对一"的情况下，你可以更容易地根据他们的兴趣点及时进行调整。

你可以从一些简单的问题入手，等他们适应后，再问复杂的问题。要尊重他们，不要用长辈的语气和他们交流，也不要说任何让他们感到自己是孩子的话。他们正在非常努力地让自己看起来像个成年人。你可以毫无顾虑地问他们一些抽象的问题，比如"你在网上都会说哪些谎话？""朋友们的意见会对你选择喜欢的游戏产生影响么？"只要你用友好的语气沟通，并给予他们充足的表达机会，他们一般都会如实作答。

回归学校

在学校环境中观察8~12岁的用户是获取定性研究信息的有效方法。多联系几所学校，看看老师或班级能否帮你安排观察项目。这样的方式有助于你深入了解孩子线下的交互方式。他们是更热衷于动手体验式的学习活动，还是更喜欢通过记笔记和提问的方式吸收知识？通过这样的观察，你会发现一些有趣的规律。

当然，老师的教学方式各有不同，水平也参差不齐，为了得到更全面的数据，最好能在不同的学校找到四五个班级进行观察研究。

完成课堂观察后，找几个孩子进行一对一的访谈，问问他们对学校的看法，比如最喜欢什么课程等。这些前青春期的孩子很可能已经开始使用社交网络了，因此，可以问问他们的线上活动对同学关系有怎样的影响。你可以从中了解他们对友谊、科技、教育和媒体的想法。

实验室测试

这些小朋友在传统的可用性测试中往往表现得相当出色。如果你在一个标准的实验室中观察，就会发现他们对实验室里的双面镜感到非常好奇，这时你不妨带他们参观实验室，介绍参与研究项目的同事给他们认识，并告诉他们这些同事会在测试过程中记录下重点信息，因此需要他们诚实、开放地表达自己的想法和观点。

给孩子们分配一些特定的任务，并要求他们在测试过程中大声地说出自己的想法和行为。值得一提的是，这些孩子并不擅长自我表达，因此需要你鼓励他们进行表达。

小提示 给予肯定

8~12岁的孩子一般说话声音都很轻，容易害羞。你需要给他们更多的鼓励。当他们对某个事物感兴趣时，尝试着分析他们究竟是被什么所吸引，以及为什么会被吸引。另外，千万不要把他们当成孩子看待，尤其不要问"小朋友们一般会怎么做？"这样的问题。

问卷调查

这个年龄段的孩子已经具备了良好的阅读和书写能力，因此，通过问卷调查的形式，可以有效获取他们不愿当面分享的信息。问卷最好采用匿名的形式，不过你还是可以要求他们填写年龄和性别信息。

通过问卷得到的定量研究数据，可以对定性研究进行有效补充。但仅仅使用问卷调查并不能帮你得到全面的信息，尤其是对儿童用户而言。你可以在完成课堂观察后向他们发放问卷。孩子们所说的和他们所想的可能有天壤之别。因此，你也可以在他们完成实验室测试后给他们发放问卷，从而评估问卷调查是否与实际观察的一致。

调查问卷最好采用选择题和开放性问题结合的形式。为选择题设置四个选项。这群孩子很聪明，一旦他们觉得你会根据他们的回答对其进行评估，便会尽可能地选择中庸的答案。我的建议是将选项设置为四个等级，1级代表完全不赞成，2级代表不完全赞成，3级代表大部分赞成，4级代表完全赞成。孩子们通常比较喜欢这种语言简单且没有正确答案的选项。

本章思考问题

以下列表中的内容能够帮助你回顾第九章的信息。下一章我们会通过实际案例详细讲述如何为不同年龄段的孩子们设计App。

在对儿童进行设计研究时，你需要做到以下几点：

☐ 组织一些动手的活动，不仅要让孩子们说出他们的想法，还要让他们做给你看。

☐ 把孩子视为专家，让他们主导研究过程。采用"师徒模式"。

☐ 针对不同年龄段的儿童，制定相应的研究内容。

☐ 根据用户体验的目标决定需要运用的研究活动、研究工具和材料。

☐ 准备知情许可书并请家长签字确认。

行业访谈

Catalina N. Bock
Youtube及Google用户体验研究员

 **Catalina N. Bock**拥有用户体验设计与研究双学位，曾参与美国、加拿大、欧洲、南美等地的多个青少年产品开发项目。

Catalina目前在谷歌担任Youtube用户体验研究员。此前她曾在乐高、英特尔、尼克儿童频道、雅虎工作过。她发表了多篇学术论文。同时，她也是斯坦福大学和加州艺术学院的指导老师。

作者：你做过大量有关儿童研究与设计的工作，你觉得我们在针对12岁以下用户进行用户体验研究时应该注意些什么？

Catalina：我觉得最重要的是要有足够的灵活性和耐心，因为你很难预测研究活动的走势。有时你会发现计划完全行不通，需要在研究进程中及时调整。你还会发现很难与孩子建立融洽的关系，或者很难让孩子开口说话，此时你需要家长和老师的参与。但是家长和老师的参与又可能影响孩子的真实反应，因此你需要具备更开放的心态并时刻关注现场的情形。

另外，需要根据不同的研究内容准备相应的道具，比如游戏、练习册、绘图纸等。这些前期的准备工作会花大量的时间，而且在实际使用过程中不一定能达到理想效果。所以在正式研究之前，最好先做一两次模拟测试，看看你设计的研究方法是否可行。如果计划行不通，就得尝试其他方法。

作者： 我们知道为2岁的孩子和为12岁的孩子做设计是很不一样的，做研究也是相同的道理。对不同年龄段孩子进行研究最关键的区别有哪些？

Catalina： 2~4岁的孩子还无法用语言清晰地表达自己，需要通过一些动手的任务去了解他们的想法。在家庭或学校这样自然的环境中观察他们，才能了解他们日常生活中的行为。我建议观察时不要让家长露面，以免孩子受到干扰。等你要向孩子提问或安排任务时，再请家长和老师出面，他们能帮助你解读孩子的反应。

五六岁的孩子已经具备了一定的语言能力，可以对自己的行为做出解释。了解他们的想法相对容易些，你可以在观察时提一些问题。这个年龄段的男孩和女孩已经开始表现出较大的差别。女孩子可以放松地在椅子上坐很长时间，但男孩子却好动，喜欢动手的活动。你需要有针对性地设计不同的活动来吸引他们的注意力。

对8~10岁的孩子而言，如果你的界面不是太复杂，运用纸板原型测试是一个不错的选择。运用纸板原型进行概念评估，可以发现不少早期可用性方面的问题。不过这种方式只对测试触摸式的交互界面比较有效。你也可以邀请孩子画出自己想象中的交互体验原型。

值得注意的是，孩子很难长时间保持注意力集中。因此研究时间应该控制在一小时内，除非你面对的是一群对项目热情极高的大孩子。

还有一件重要的事：得到家长的认同。你需要了解家长希望给孩子使用哪些App，以及家长能接受的预算等。虽然产品是为孩子设计的，但家长才是买单的人，所以得到家长的认同很重要。

作者：你提到了用户参与式设计。让孩子参与这个环节有什么好处？哪个年龄段的孩子最适合用户参与式设计？

Catalina：大一点的孩子更适合用户参与式设计。运用这种方法的目的不是了解孩子如何使用App，而是探索和发现孩子新奇的想法。我在乐高工作时常常采用这种方法，效果非常好。

值得注意的是，用户参与式设计的目的并不是让孩子设计出下一代的产品，而是通过孩子们的眼睛去看这个世界。我很享受和他们一起创作，我可以一边看他们玩培乐多（Play-Doh）彩泥，一边听他们讲故事，听他们想象中天马行空的各种景象。这种方法可以打开你的视野。你可能会预期孩子们做出某种反应，但观察和倾听后会发现他们的创造力和你想象的并不相同。一旦你让他们进入状态，就会发现很多前所未闻的想法。

就我个人经验而言，6~12岁的孩子最适合用户参与式设计。因为他们已经具备了基本的运动能力和表达能力，而且渴望参与设计。他们喜欢创作拼贴画和思维导图。6岁以下的孩子参与设计比较困难，因为他们还不具备相当的认知能力和语言表达能力，而12岁以上的孩子又太有个性，不屑参与其中。

还有一件重要的事：向孩子和家长解释最终产品可能与他们想象的不一样。在乐高工作期间，我参与了众多此类研究。孩子们非常积极，渴望自己的想法能够在产品中实现。你可以告诉孩子们他们的想法非常棒，他们的创意是产品的基础，但在此基础上设计师还要进行大量的修改，因此可能会做出很多改变。孩子们听到自己的创意无法被实现时一定会感到沮丧，所以你一定要照顾到他们的情绪，别让他们受到伤害。

有时家长会关心孩子的创意是否可以换来一些实惠，如果孩子的想法变成了下一个热门产品，他们会不会因此得到一笔不菲的报酬？你需要告诉他们，孩子参与活动本身会得到一些报酬，但他们的想法还要打磨，最终产品很可能与最初的想法有差别。

作者：有什么好方法招募儿童用户参与研究？

Catalina： 这完全取决于产品和公司本身。如果你在一个已经拥有很多儿童产品的大公司工作，你会发现公司很可能有许多潜在研究对象供你选择。当然你也可以使用一些传统的招募方式，比如发放在线问卷（家长可以代表他们的孩子完成问卷），并从中挑选参与用户。筛选出参与者后，可以和对方电话沟通，进一步了解孩子的情况，确保参与的孩子能够清楚地用语言表达自己的想法。

我有时也采取一些"游击式"的招募方法。比如去托儿所和学校招募参与者，或者通过朋友和家人找到拥有适龄儿童的家庭。我见过一些人去公园或博物馆招募参与者。一般我为初创公司做项目，或者开发自己的App时，我会请朋友或家人推荐。比如，如果你朋友有一个5岁的儿子，那么她就能介绍更多有5岁孩子的家庭给你。

不同年龄，同一款App

Samantha，5岁

Samantha送给朋友Sophia的小卡片

我们要鼓励创造者、发明者和其他贡献者为我们创建的交互世界，因为我们都身在其中。

——Ayah Bdeir

本章我们来看看如何将此前所学的知识应用到实践中，为不同年龄段的儿童设计具体的App产品。考虑到所有年龄段的孩子都会看视频，因此我以开发一款视频App为目标，设计了一系列App框架，来展示如何根据不同年龄段儿童的需求设计产品。

请关注以下几个方面。

控制元素　用户控制元素的数量、种类和大小与儿童年龄的关系。

选项　选项数量随着孩子对内容需求的增长而增长。

简洁性　即使增加了更多的内容和功能，App依然要保持相对简洁。

层级　内容层级随着用户年龄的增长略微增多。

设计模式　对6~8岁以上的儿童，逐渐加入通用设计模式。

适合所有儿童的App?

没有一款App能覆盖2~12岁的年龄跨度。不同年龄段的儿童需求不同。很少有产品仅凭单一的体验满足所有用户的需求。即便有例外，那也是可以装载内容和游戏的容器式App，比如游戏平台、视频播放器等。本章将对视频播放器的设计展开详细讨论。

如果你要设计一款容器式App，一定要做到尽量简洁易用。想想任天堂Wii游戏机的手持控制器：上面只有7个按钮和非常简单的图标，没有任何文字，但足以满足所有年龄用户以及不同类型的游戏需求。当然，不同的用户对内容有不同的需求，如果他们需要运用更复杂的方式来完成特定的任务，你可以考虑为他们匹配不同等级的控制方式：从新手级别到专家级别，复杂度视用户的具体情况而定。始终将初始等级设定为默认控制方式，这样，最小的孩子就不必为如何选择而烦恼了。这种分级的做法还有助于增加用户与产品的黏性，稍大一点的孩子会因为可以适应专家级别而感到自豪。

虽然本章会围绕一款视频播放App展开讨论，但我们的目的是展示为不同年龄段的儿童开发App时所运用的设计模式，而不是想设计一款能够覆盖所有年龄段的App。

2~4岁

我们从2~4岁的儿童开始（见图10.1和表10.1）。请注意案例中大尺寸的图片、简单的进度条、醒目却有限的色彩使用。

图10.1 为2~4岁儿童设计的视频播放器界面

表10.1 为2~4岁儿童设计的App界面

标号	设计元素	描述说明
A	色彩	有限地使用鲜艳醒目的色彩。色彩的主要作用在于区分内容和交互方式。使用过多的颜色会让孩子无所适从
B	导航	保持导航的简洁性。如果你在导航元素上使用抖动和发声的特效，孩子们就会忽略这些元素的功能，比如没有意识到可以点击这些元素观看视频。你可以改变元素的尺寸和亮度来区分正在播放的视频和其他视频，尽量少使用动画和声音特效
C	图标	避免使用抽象图标，2~4岁的孩子还不具备抽象思维能力。你可以使用一些他们熟悉的具象图形，比如箭头、星星和竖起的大拇指。3岁半到4岁的孩子可以理解向前和向后的箭头表示还有更多视频内容可以选择，但更小的孩子会忽略箭头
D	视频	4岁以下的儿童喜欢自动播放功能。尽可能减少用户从开始使用App至观看视频所需的步骤。同时，允许家长在家长控制面板中打开或关闭自动播放功能（默认设置为自动播放）
E	进度条	年幼的小用户还不能理解图标的意义，因此只能使用简单的播放/暂停按钮和滑动进度条。还可以增加时间提示，让家长方便查看剩余播放时间。这些小用户注意力很难长时间集中，通常不会看完整个视频，因此暂时可以不添加全屏播放的功能。对他们而言，快切换比专注于某一内容重要得多
F	音量	孩子可能会忽略这个图标，但家长却会常常用到它。将其放置在显眼的位置，方便家长调整音量。这个不起眼的功能很可能会在App商店中为你带来不少家长的好评

4~6岁

　　我们再来看看为4~6岁儿童设计视频播放器时的区别（见图10.2和表10.2）。之前的基本原则依然适用，但有一些细微却很重要的差异。

照片版权："Kids Painting"由Jim Pennucci授权
设计图标©2014 Shelby Bertsch
线框图标©2014 Michael Angeles

图10.2 为4~6岁儿童设计的视频播放器界面

表10.2 为4~6岁儿童设计的App界面

标号	设计元素	描述说明
Ⓐ	界面中的元素	这个年龄段的孩子已经可以轻松用手势操作屏幕上的元素，所以你可以适当缩小导航栏的尺寸，以便腾出空间放置新功能
Ⓑ	保存	这个年龄段的孩子喜欢保存视频，以便他们可以随时观看。这个功能不需要太复杂，只要具备一定的个性化（用孩子的名字命名）即可。注意要保证收藏夹随时可以访问
Ⓒ	顺序播放	4岁的孩子已经开始理解相对复杂的场景了，因此内容的叙事方式和流畅性也开始变得重要。他们喜欢有序地发掘内容，视频之间最好设计成无缝切换，而不是中断后必须回到导航栏寻找相关内容
Ⓓ	自动播放	现在可以关闭自动播放功能了。4~6岁的孩子希望自己能拥有更多的控制权，那就让他们自己选择何时播放视频。只需在视频画面中心添加一个简单的播放按钮即可
Ⓔ	收藏功能	添加一个简单的心形或加号收藏按钮。我觉得用心形图案更合适，因为孩子们已经明白这个图案代表爱的意思
Ⓕ	放大	现在可以加入全屏观看功能了。这个年龄段的孩子喜欢沉浸感更强的体验，也希望看到更清晰的内容。但要保证用户可以轻松地回到主界面（设计一个不突兀的返回按钮）

我们打开刚刚提到的收藏夹看看（见图10.3和表10.3）。

图10.3 为4~6岁儿童设计的收藏夹

表10.3 为4~6岁儿童设计的收藏夹

标号	设计元素	描述说明
Ⓐ	覆盖层	可以运用简单的覆盖层（overlay）或下拉菜单来放置用户收藏的内容。但为年幼的孩子设计时，要谨慎地使用这种方式，因为打开太多窗口或弹出太多菜单会让他们感到无所适从。收藏夹应该便于打开，并且易于关闭（比如，当用户点击收藏夹之外任何位置时就关闭收藏夹）。

另外，点击收藏夹里的视频按钮便能立即在主界面播放视频，同时关闭收藏夹 |

小提示 何时停止使用自动播放

自动播放视频（即用户打开App后自动开始播放视频）对于2~4岁的用户很合适，但稍大一些的孩子很可能会被自动播放的视频吓一跳，并且感到厌烦。给大孩子多一点控制权，让他们自己播放视频。

6~8岁

我们再来看看为6~8岁儿童设计的视频播放器（见图10.4和表10.4）。你会发现无论是功能还是复杂度都有了显著的变化，原因很简单，这些孩子已经进入小学，他们开始学习更复杂的概念了。他们也开始要求更多直观的说明。他们开始意识到做对和做错的区别，不愿意把事情搞砸。

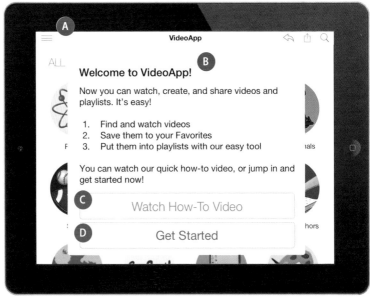

设计图标©2014 Shelby Bertsch
线框图标©2014 Michael Angeles

图10.4 为6~8岁儿童设计的欢迎界面

表10.4 为6~8岁儿童设计的欢迎界面

标号	设计元素	描述说明
Ⓐ	导航	你可以为该年龄段的用户加上标准的移动端产品导航条，但不要做得太复杂，尽可能少提供选项。当然，还可以使用手势导航
Ⓑ	操作说明	为孩子提供简明扼要的操作说明，避免繁杂的说明信息，只要将App的目标、优点和操作指南介绍清楚就好。稍大一点的孩子会直接跳过这些说明，但这个年龄段的孩子会小心翼翼地阅读说明，尽可能避免自己在App中犯错
Ⓒ	多样化内容	6~8岁的孩子已经逐步开始具备基本的阅读能力，只是效率不高。最好为他们准备不同形式的操作说明，比如除文字说明外，还可以提供视频操作指南、动画提示和语音提示 即使用文字进行说明，也要使用通俗易懂的词汇和语句。如果必须使用复杂一点的词汇，请确保孩子们至少可以无障碍地朗读出来
Ⓓ	按钮	这个年龄段的用户可以毫无障碍地使用按钮。弹出信息（覆盖层）中的选项一定要表述清晰，一目了然。比如这里孩子们可以选择继续学习或开始使用App。此外，无论孩子做出什么选择，覆盖层都会自动关闭

当孩子关闭覆盖层后，要让他们立刻对内容产生兴趣。此时你可以开始运用一些常用的设计元素（见图10.5和表10.5）。

设计图标©2014 Shelby Bertsch
线框图标©2014 Michael Angeles

图10.5 运用一些通用设计元素

表10.5 为6~8岁儿童设计的App界面

标号	设计元素	描述说明
Ⓐ	标签	针对6~8岁的儿童，可以多使用一些标签。这些孩子会很高兴摸索屏幕中所有元素的含义、功能和使用方式
Ⓑ	标志	这些孩子已经可以依靠抽象思维来理解信息、解决问题。将图标或标志与相应的说明文字结合在一起使用是一个不错的办法。我再次强调，对这个年龄的用户而言，丰富的信息要比信息不足好

孩子点击某个视频类别后，你可以展示更多复杂的功能（见图10.6和表10.6）。6~8岁的孩子喜欢看起来不那么幼稚的界面，但具体的设计还要根据他们的认知水平进行相应调整。

照片版权："IMG_0405"由Roy Chijiiwa授权，"Dean and the Catapult"由Rebecca Siegel授权，"Weapon of Mass Distraction"由Salva Barbera授权，"LEGO City Advent Calendar–Day2"由Kenny Louie授权，"Loaded and Ready"由Windell Oskay授权

设计图标©2014 Shelby Bertsch

线框图标©2014 Michael Angeles

图10.6 为6~8岁儿童设计的视频播放器界面

表10.6 为6~8岁儿童设计的视频播放界面

标号	设计元素	描述说明
Ⓐ	一致性	保持图标风格和色彩的前后一致性。这样不仅可以帮助用户建立良好的方位感，还能给他们提供相应的背景信息。避免使用深层嵌套内容，这很有可能会让孩子们感到困惑
Ⓑ	列表和清单	这个年龄段的孩子已经具备对信息和物体进行分类的能力，你可以用清单列出同类视频。这里，你可以看到所有与物理相关的视频都在屏幕右侧的列表中，孩子们可以在视频之间轻松切换，而不会担心自己选错了视频
Ⓒ	进度条	可以在进度条中适当添加一些功能，比如"添加至播放列表"或"放大屏幕"。他们已经能够识别这些通用图标了
Ⓓ	评分	我使用"竖起的大拇指"和"朝下的大拇指"让孩子们对视频内容进行评价，当这些视频出现在播放列表中或搜索结果中时，他们便能很快回忆起自己当初观看视频时的感受
Ⓔ	描述文字	这些孩子喜欢先了解背景信息，免得选择视频，因此最好为他们提供视频简介。如果有画外音说明，效果会更好
Ⓕ	画外内容	6岁的孩子已经能够自如地使用交互手势，但你还是需要添加一个下滑提示，告诉他们屏幕下方还有更多的视频内容

滑入式菜单对处在该年龄段的用户非常有用。还有一个不错的方法：在屏幕顶端的导航条中添加一个菜单图标或按钮。当孩子们不愿意滑动屏幕打开菜单时，可以直接点击这个菜单按钮快速进入菜单栏。图10.7展示的是为6~8岁儿童用户设计的菜单面板，表10.7强调了设计时需要考虑的要点。

线框图标©2014 Michael Angeles

图10.7 菜单能够帮助6~8岁的儿童找到自己在App中的位置

表10.7 为6~8岁儿童设计的滑入式菜单

标号	设计元素	描述说明
Ⓐ	搜索栏	处在该年龄段的低龄儿童可能还不会使用搜索功能，但是大一点的孩子却会频繁使用搜索功能，尤其是当他们知道自己想看什么视频时。你可以设计一个简单的搜索框，加上搜索图标。这些孩子会明白他们该怎么做
Ⓑ	导航	使用和主界面一致的图标。如果要对内容进行分类，最好做一个调研，看看孩子们喜欢如何组织这些不同类型的内容。孩子的想法和成年人不一样，他们的分类方式很可能与你设想的完全不同。 确保孩子可以从菜单栏进入任何他们想要触及的内容。他们会下滑菜单寻找自己想要的信息，但是不会点击不同图标去寻找自己想要的东西。这些孩子只是将菜单视为"快速启动面板"，因此最好不要设置过多的层级

小提示 限制小应用（Widgets）的数量

不要过多使用小应用，这会对6~8岁的儿童造成额外的认知负担，让他们犹豫不决。使用直觉化的交互手势和通用设计模式，逐步引导用户，而不是将所有的控制权一下子抛给他们。

8~10岁

现在我们来看看为8~10岁的用户设计的视频播放界面（见图10.8）。这款App和为成年人设计的App之间的差别已经微乎其微了（见表10.8）。

照片版权："IMG_0405"由Roy Chijiiwa授权，"Dean and the Catapult"由Rebecca Siegel授权，"Weapon of Mass Distraction"由Salva Barbera授权，"LEGO City Advent Calendar－Day2"由Kenny Louie授权，"Loaded and Ready"由Windell Oskay授权

设计图标©2014 Shelby Bertsch

线框图标©2014 Michael Angeles

图10.8 为8~10岁的用户设计的视频播放界面

表10.8 为8~10岁儿童设计的App界面

标号	设计元素	描述说明
Ⓐ	动态分类	8~10岁的小用户对周围的世界充满了好奇。他们不会阅读操作说明，而是直接使用App。他们很想知道其他用户的行为，你可以设置一些动态的视频分类，如"观看最多"和"评分最高"等。看到这些根据其他用户喜好和行为产生的内容时，他们会觉得很新鲜，很激动。他们乐于看到这些内容上的变化。你甚至可以为他们设计一个 "新鲜事物"分类
Ⓑ	视频简介	虽然这些孩子不会像6~8岁的孩子那样仔细阅读文字说明，但是他们依然会快速浏览关键词，判断视频是否值得一看。这里显示的评分信息对他们极其重要。别人的看法会对这些孩子产生很大的影响，他们会根据评分来判断视频是否有意思。这个年龄段的孩子比年幼的孩子拥有更细致的观察能力，你可以使用星星或数字表示视频受欢迎的程度
Ⓒ	分类系统	这个年龄段的用户能理解交叉的分类方式。因此在"观看最多"和"评分最高"这样的栏目里还可以加入交叉引用。比如，一个9岁大的孩子会明白出现在"观看最多"栏目中的某个视频也可能同时属于"物理"栏目

这个界面（见图10.9）与前面为6~8岁儿童设计的界面看上去很像，但它们之间还是有一些显著的差异（见表10.9）。

照片版权："IMG_0405"由Roy Chijiiwa授权，"Dean and the Catapult"由Rebecca Siegel授权，"Weapon of Mass Distraction"由Salva Barbera授权，"LEGO City Advent Calendar-Day2"由Kenny Louie授权，"Loaded and Ready"由Windell Oskay授权

设计图标©2014 Shelby Bertsch

线框图标©2014 Michael Angeles

图10.9 为8~10岁的儿童设计的视频播放界面

表10.9 为8~10岁儿童设计的视频播放界面

标号	设计元素	描述说明
A	分享	8~10岁的用户喜欢与朋友们分享事物。增加分享功能会让这些孩子感到产品的个性化和亲近感，如果能让他们分享自己创建的内容，如混编视频或播放列表，那就更棒了
B	评分	这些孩子喜欢使用评分机制参与评分。可以用一种简单的交互方式来实现评分功能，比如可点击的星星或数字，这种简单的交互可以鼓励孩子在不付出太大代价的情况下发出自己的声音。最好不要让12岁以下的小用户通过文字的形式评论视频、产品、网站，否则你会收到一堆毫无价值的脏话。如果你想要获得更详细的反馈信息，也许可以采用选择题的方式，但说实话，我也不知道这么做有多大的价值，因为孩子（成年人也一样）主要还是对评分本身感兴趣
C	视频播放列表	对于更年幼的用户而言，在视频播放列表中展示与当前观看内容类别一致的视频即可，因为那样可以帮助他们了解自己所处的位置和背景信息。但是大孩子更喜欢根据自己的需求选择具有个性化的内容。如果没有大数据的支撑，我们很难实现该功能。不过有个更简单的方法，你可以在视频列表中展示一些相似的视频，让这些小用户觉得这些视频是精心为他们准备的

图10.10展示的是为8~10岁儿童设计的"添加至播放列表"功能。播放列表不仅可以鼓励孩子们自我表达，还能培养他们通过有意义的方法归纳整理相关内容的能力。有关界面中相关元素的具体介绍，请看表10.10。

照片版权："IMG_0405"由Roy Chijiiwa授权
线框图标©2014 Michael Angeles

图10.10 "添加至播放列表"功能可以激发8~10岁儿童的想象力

表10.10 为8~10岁儿童设计的"添加至播放列表"功能

标号	设计元素	描述说明
Ⓐ	流畅性	虽然我不建议在界面中使用过多的干扰信息（因为这会打断用户的使用体验），但是利用覆盖层和扩展面板的方式为用户提供一些辅助功能也未尝不可。当用户在视频播放界面点击"添加至播放列表"按钮时，App应该使用简单的功能提示帮助他们完成任务。你也可以允许孩子创建一个全新的播放列表
Ⓑ	自我表达	这些孩子正处在开始质疑权威、挑战规则的年龄。我的建议是允许他们在合理的范围内打破规则。如果一个用户想把播放列表命名为"大便头"，应该给他这样的自由，而不必大惊小怪。这些看起来愚蠢（甚至轻微下流）却无害的自我表达并非坏事

8~10岁的孩子一般不会阅读操作说明，即便他们扫了一眼，也不会遵守其中的规定。所以，我们应该通过错误提示的方式指导他们，而不是依赖操作说明（见图10.11和表10.11）。

照片版权："IMG_0405"由Roy Chijiiwa授权
线框图标©2014 Michael Angeles

图10.11 错误提示对8~10岁的儿童比较有效

表10.11 为8~10岁儿童设计的错误提示

标号	设计元素	描述说明
Ⓐ	错误状态	如果这款视频播放App是为成年人用户设计的，我们很可能在之前的页面中就不允许用户在容量已满的列表中添加任何视频。但如果我们这么做，会让这些很可能未阅读操作说明的儿童用户感到苦恼。他们在播放列表中看不到自己添加的内容也会感到不安。这些孩子是通过试错的方法进行学习的，所以这里设计的错误提示信息有双重意义：错误提示和使用说明。 采用积极建议的方式编写提示信息，说明他们哪里做错了，同时告诉他们改正的方法
Ⓑ	改正错误	错误提示信息是教孩子正确使用App的重要环节，确保界面中包含了返回方式和改正的方法。在本例中，我们允许孩子重新编辑所选的播放列表，这样他们就可以从播放列表中删除某个视频，然后将自己所选的视频添加进去

我们之前提到这些孩子喜欢和朋友分享东西。现在我们看看该如何设计分享功能，让孩子们安全地在App中分享信息（见图10.12和表10.12）。

图10.12 这个简单的分享机制既有趣又安全

表10.12 为8~10岁儿童设计的分享界面

标号	设计元素	描述说明
Ⓐ	表单设计	采用简洁的表单样式。虽然这些孩子已经能够熟练运用平板电脑和手机的键盘，但用键盘打字仍然是一件痛苦的事
Ⓑ	联系人	可以让孩子通过电子邮件和短信的方式分享内容。有些孩子可能还没有电子邮件账户，他们可以通过手机或iPod Touch发短信。注意将孩子们的分享对象限制在设备通讯录里，这样可以大大降低他们因为误操作接触到陌生人的可能性，也能避免他们在不知情的状况下泄露个人信息
Ⓒ	主题	为了减少儿童用户通过键盘输入的信息量，我们可以在主题框中填入预设的标题，如"分享给你的视频"。当然，如果你使用短信服务发送分享消息，就不需要填写标题了
Ⓓ	消息	预设默认消息很管用。孩子们可能并不想写分享文字，他们只想把视频分享出去，然后赶紧观看下一个视频

10~12岁

10~12岁年龄段的孩子已经是老练的App用户了，他们的认知能力和成年人不相上下。因此，我们有很大发挥空间，可以在标签、导航、结构和内容等方面进行很多有趣的尝试（见图10.13和表10.13）。

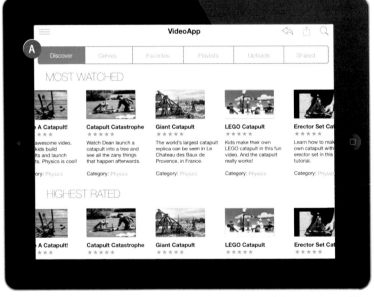

照片版权："IMG_0405"由Roy Chijiiwa授权，"Dean and the Catapult"由Rebecca Siegel授权，"Weapon of Mass Distraction"由Salva Barbera授权，"LEGO City Advent Calendar–Day2"由Kenny Louie授权，"Loaded and Ready"由Windell Oskay授权

设计图标©2014 Shelby Bertsch

线框图标©2014 Michael Angeles

图10.13 为10~12岁用户设计的视频播放界面

表10.13 为10~12岁儿童设计的视频播放主界面

标号	设计元素	描述说明
Ⓐ	内容策略	可以为该年龄段的儿童设计更复杂的内容层级，这样能够显著增加App中的内容。在主界面顶部添加一个新的分类栏能够为用户呈现更多视频。你不妨在新的分类栏中加入个性化的内容。这会让用户觉得这款App更具个性化，也更能满足他们的需求

本章思考问题

你的设计是否涵盖了下列几个方面的内容？

- [ ] 自动播放功能是否仅仅针对4岁以下的用户？

- [ ] 是否根据用户的年龄为他们提供了相应等级的功能？

- [ ] 2~4岁儿童——简单的进度条和播放控制器。

- [ ] 4~6岁儿童——收藏喜欢的视频。

- [ ] 6~8岁儿童——保存和分享功能。

- [ ] 8~10岁儿童——评分、评价和播放列表功能。

- [ ] 10~12岁儿童——复杂的导航、分类和过滤功能。

- [ ] 是否根据儿童用户的学习方式设计了相应的提示消息？

- [ ] 是否根据用户的年龄和认知水平提供了相应的操作说明和提示信息？

第十一章

总结汇总

搞明白几个问题

特殊的设计事项

准备发布

不仅仅是为儿童设计

Audrea，7岁

本章将通过一系列核查清单协助你设计贴心的数字化儿童产品。这个清单包含了本书前十章讨论的所有内容。这个清单可以帮助你明确设计的基本原则，将前十章所学的内容运用到实践中去。

搞明白几个问题

首先，你要想清楚三个大问题：为什么设计？为谁设计？设计什么？如果你要开发一款App，这些问题就更重要了，因为App平台常常需要你提供这些信息。

为什么设计

- 为什么想要设计这个网站或App？

- 设计的目的是什么？是为了盈利还是其他原因？

- 你希望给孩子们带来什么？

- 你希望孩子如何向朋友介绍你的产品？

- 同类产品有哪些？你的产品有什么不同之处？

- 如果让你做一次电梯游说，你会如何介绍产品？是否会介绍上述内容？

小提示 电梯游说（Elevator Pitch）

电梯游说指的是在短时间内（一分钟内）介绍产品最重要的特点和功能。一次优秀的电梯游说一般会介绍产品目标、受众、独特的价值主张、目标用户和功能简介。Audrey Watters 在readwrite.com网站上写了一篇名为《电梯游说的艺术》（The Art of Elevator Pitch）的文章，文中有不少实用的建议。

为谁设计

- 产品是给谁用的？

- 目标用户处于哪个年龄段，有哪些兴趣爱好和日常活动？

- 目标用户具备怎样的认知能力、身体发育状况和动手操作能力？

- 你希望能唤起哪些情感或反应？

- 家长对你的设计有什么期望？他们的PTR（家长反感底线）是什么？

- 孩子们会在什么场合使用产品？是一个人用，和同伴一起用，还是和家长、朋友或老师一对一地使用？

我们曾在第二章讨论过这个概念，PTR是父母能够接受网站或App的底线，一旦越过了这个底线，说明你的内容、图片或设计对他们来说有些过头了。

设计什么

- 你的设计适合哪些终端使用（网页端、移动端）？

- 哪些任务和活动是孩子能够完成的？

- 产品是如何工作的？它具备哪些特点和功能？

- 产品是一款游戏么？游戏中包含哪些可玩的内容？

- 整体叙事方式是什么？其中有哪些流程和线索？

- 预计孩子将会在哪里使用你的产品？他们会在什么样的环境下使用产品？

- 如何为产品做营销推广？在哪里进行营销推广？

想清楚自己为什么设计，为谁设计，设计什么，就可以开始着手研究和设计了。

如果产品的视觉设计和编程不是由你亲自完成的，最好在项目的早期就开始寻找合作伙伴，请他们对产品提出相关建议，包括产品的可行性、开发计划、成本等。你可以上网寻找合作伙伴，比如你可以去elance.com和freelance.com上找人，当然也可以通过LinkedIn和其他社交网络找朋友推荐。

特殊的设计事项

接下来讨论设计时需要仔细斟酌的细节，包括你面临的最大挑战，主要包含以下几个方面的内容。

- 导航与指示。
- 设计模式。
- 数据收集。
- 社群与社交。
- 广告。

导航与指示

- 如何引导孩子使用？
- 用户如何返回起点？
- 如何让用户辨别自己在网站或App中所处的位置？
- 导航元素能否在合适的时间给用户提供反馈？
- 用户遇到问题时如何寻求帮助？
- 是否为家长设计了简单便捷的家长模块？

- 准备了哪些内容让用户自由探索？
- 是否具备一定的开放性？

设计模式

- 导航、表单、内容、页面是否针对目标用户群进行了统一设计？
- 使用的色彩对目标用户是否合适？
- 用户是否能准确理解你所使用的图标和标志？
- 如何使用声音素材？这些素材如何引导目标用户？
- 如何帮助用户了解产品的用法？是否有多余的元素干扰用户体验？
- 为了增强使用产品的流畅性，你还能做些什么？

数据收集

- 是否要收集13岁以下儿童的个人信息？为什么要收集？如何使用这些信息？
- 表单的设计是否针对用户的阅读能力、打字能力进行了优化？
- 数据收集机制是否具备相关的帮助提示？
- 收集数据的价值主张是否在产品中得到了充分的体现？提供数据的用户能得到什么？

- 如果用户记不住复杂的密码和登录信息，你准备采取哪些预防措施？
- 设计是否符合《儿童在线隐私保护法》？
- 是否已经告知家长收集数据的原因？
- 是否为家长提供了选择参与的权力？
- 产品保护隐私的策略是否简单易懂？

社群与社交

- 用户是否能够在产品中相互交流？如果可以，如何交流？
- 是否有专职管理员帮助用户解决问题并处理举报问题？
- 管理员会对所有消息进行审核吗？还是用户可以实时交流？
- 社交参与规则是否清晰明确且具备一定的弹性，便于用户执行？
- 如果产品具备开放式的聊天环境，是否为父母提供了监管机制？
- 产品的隐私保护策略是什么？如何在产品中找到？
- 孩子和家长可以通过什么渠道举报投诉网络暴力行为？
- 是否加入了创造、保存和分享功能作为平衡，以防止孩子沉溺于社交？

广告

- 产品中是否有插入广告?

- 允许谁在产品中插入广告?

- 这些广告是针对儿童用户的还是针对家长的?

- 如果广告是针对儿童的, 如何与产品内容做区分?

- 是否遵守了儿童广告审查处的相关规定, 以及采用了合理的方式呈现广告?

- 产品指南是否对植入广告做了说明?

- App内购买是否需要输入密码或家长验证码?

- 家长是否有权关闭App内购买功能?

准备发布

完成网站或App的设计、编程和测试环节后, 就可以准备发布产品, 让孩子们使用了。我们来看看与产品发布有关的事项。

网站发布

如果你设计的是一个网站, 则需要"统一资源定位符"(URL) 和域名服务器来存放网站内容。有许多提供URL和租赁服务器服务的公司可选。这些在线的服务使用都很简单，一般都有详细的说明引导你完成网站上传、链接URL、管理网站、修改内容等步骤。

这里列出了发布网站的简要核查清单，你可以在谷歌的站长学院（Webmaster Academy）上找到更详细的信息。

- 是否检查过网站上的拼写、语法错误？

- 是否选择了一个简洁的域名方便用户输入和记忆？

- 是否为网站注册了域名？

- 是否为网站准备了服务器？

- 是否在不同的浏览器上测试过网站，以确保它在各平台上都正常运行？

- 如果是响应式网站，是否在各种设备上都测试过了？

- 是否做了搜索引擎优化处理？

游戏和App发布

在上传应用商店之前你需要考虑以下几个事项。

- 是否准备了产品介绍，用简单有吸引力的语言介绍产品的内容、目标用户和价值主张？

- 是否准备了精美的产品截图用于营销推广？

- 是否在App介绍中添加了受父母欢迎的隐私保护策略链接？

- 是否为App定义了标签和关键词，确保用户可以通过它们发现产品？

- 如果App是面向全球用户的，是否针对目标用户准备了相应的翻译版本？

- 是否从测试用户那里收集了相关的好评，用于市场推广？

- 是否搭建了产品网站，以便用户查看相关信息？

小提示 提交App到应用商点

不同的平台有不同的提交规则和要求，你应该在提交审核前阅读这些条例。不必担心，多数平台都提供了详细的说明信息，帮助你正确发布App。你可以登录下列网站了解发布App的相关信息。

苹果iOS应用商店发布页面：

https://developer.apple.com/support/appstore/

Google Play发布页面：

http://developer.android.com/distribute/index.html

Windows应用商店发布页面：

http://msdn.microsoft.com/en-us/library/windowsphone/

小提示 发布到Google Play

在Google Play上发布产品，流程比在苹果的应用商店里发布App容易得多。不过你依然需要填写一些产品信息，并且要在谷歌API控制台中注册账号并支付25美元注册费用。完成这些步骤后，只要点击发布按钮就可以发布你的产品了，非常简单！

不仅仅是为儿童设计

你已经掌握了为儿童设计网站和App的方法和技巧，也了解了孩子是如何从一个运动能力和认知能力都有限的小家伙，成长为具备解决复杂问题能力和演绎推理能力的少年的。我相信你已经明白为6岁的儿童和为9岁的儿童做设计的差异及其背后的原因，并且能够针对不同年龄段的儿童应用适当的研究方法。

然而，也许有些人没有机会马上进行与儿童有关的产品设计。也许你是某个设计工作室的一名普通设计师，穿梭于不同的项目和客户之间；也许你是某个金融服务企业、电子商务企业或医药公司的网站设计师；也许你根本就不是设计师……我希望你问问自己：书里的知识如何应用到你的实际工作中去？为儿童设计的知识会不会对你为人处世的方式产生积极的影响？

无论有多么成熟，我们都不会完全失去对玩的渴望。我父亲是一位充满智慧、德高望重的医生，但他也会在无意中把电脑中的操作系统删除，他说他只是随意玩玩，想看看到底会发生什么。这种在实践中学习的欲望、沉浸在玩乐中的需求将终身伴随着我们，我们的本能享受这种简简单单通过双手和大脑实践带来的乐趣。

发布App到iOS应用商店

如果你要在苹果的iOS应用商店发布一款App，需要遵守一套非常严格的审核流程和条例。如果你跳过任何步骤或没有填写完整的信息，都将面临被拒绝的风险。下面介绍基本的申请流程。

1. 开发iOS App必须在苹果的iOS开发中心注册一个苹果开发者账号。这个账号与你的App收益直接关联，如果是收费App，你的盈利将从这个账号获取。你（或你的App开发商）在开发App之前需要安装Xcode。

2. App开发完成后，要好好打磨一段详细的产品介绍。用户在苹果应用商店浏览产品时，会看到这段文案。产品介绍要简明扼要地说明产品的用途、目标用户群以及产品目标等信息。用户可能会据此决定是否选择下载你的App，因此这个文案非常重要。

3. 接下来要上传几张App截屏图片，通过这些图片帮助用户了解App的设计、功能以及使用方式等信息。

4. 如果App是专门为儿童开发的，还需要准备一份产品在线隐私策略说明，以便用户查看。这份在线隐私策略说明的主要受众是家长，因此，要尽可能全面地覆盖App中涉及的个人隐私和网络安全问题。

5. 下一步，为App添加标签和关键词，以确保用户在苹果应用商店中可以通过搜索关键词准确地找到产品。

6. 就算你已经确定了App的目标用户群，也要注意以下几个问题。

 a. App将在哪些国家上线？如果产品将在非英语国家上线，那么你需要提前翻译产品简介、标签、关键词。当然，你也可以提交一份包含多国语言的产品说明。

 b. 如果App面向的是多种语言的目标市场，则要为App中的所有内容准备相应语言的翻译版本。

7. 确定App所支持的iOS系统版本，在提交产品时注明此信息。

提交后，你要等待一段时间才能知道App是否已经通过审核，最长需要两周时间。因此，在提交产品前，一定要熟读苹果应用商店的审核指南，并确保自己按照正确的步骤完成提交。

许多为成年人用户开发数字产品的企业也开始尝试应用本书中所提及的方法设计产品，增加用户黏性。我最喜欢纽约公共图书馆发布的一款叫Biblion　Frankenstein的App（见图11.1）。产品的内容主要包含文艺评论和图书馆稀有藏品展示，很显然这款产品的目标用户并非儿童，但它采用了通过沉浸式、自助式的体验来呈现内容。你不难从中发现升级、获得成就，以及开放式的探索等我们所熟悉的功能。这款App的开发者很好地利用了我们通过游戏进行学习的本能。

图11.1
Biblion Frankenstein
运用为儿童设计的方法
开发了一款吸引成年人
的App

还等什么呢？这就开始吧，为儿童设计，也为成年人设计。我已经迫不及待想要看到你们的设计了。

致谢

感谢曾经与我合作过的孩子们。有些人现在已经是成年人了，你们很可能不会知道自己曾经带给我多大的启发。尤其要感谢同意为本书接受采访的孩子，他们是：Noah、Samantha、Andy、Iris和Alexa。

感谢我的父母，Stephen和Barbara，以及我的医生哥哥Michael。谢谢你们给了我无条件的爱与支持，欢声笑语和冒险体验。没有你们，就没有我的今天。永远爱你们。

感谢我们这个充满爱心的大家庭中的每一位成员：Stephanie、Andy、Noah、Arlene阿姨、Barry叔叔、Lucille阿姨、Ed叔叔、Irene、Artie、Eric、Robin、Jill、Max、Ryan、Molly、Kami、Josh、Scott、Sherri。

谢谢Nicole Rittenhouse。你一直以来对我的鼓励、信任、帮助使我坚持前进，摆脱困境。谢谢你一直在我身边。谢谢我的闺蜜：Benna Millrood、Melissa Rosenstrach Zimmerman、Jill Cohen Shaw、Lisa Kagel、Jennifer Blauvelt。谢谢你们的爱和友谊。

感谢国内外的用户体验社区一直以来给我的启发和挑战，你们教会我不断用新的方式来看待这个世界。尤其要感谢Michael Carvin、Kel Smith、Bryce Glass、Jeff Parks、Kevin Hoffman、John Ferrara、David Cooksey、Jeff Gothelf、Steve Portigal、

Rachel Hinman、Indi Young、Lynne Polischiuk、Angela Colter、Livia Labate、Andrea Resmini、Adam Connor、Becca Deery、David Farkas、Russ Unger、Yoni Knoll、Will Sansbury、Boon Sheridan、John Yuda、Eduardo Ortiz、Chris Avore、Brad Nunnally、Aaron Irizarry、Marty Focazio、Wendy Green Stengel、Lori Cavallucci、Cennydd Bowles、Andrew Hinton、Chris Risdon和 Erin Cummings一直以来对我的支持和鼓励。

感谢Comcast EPAM实验室的所有伙伴：Jon Ashley、Andrea Boff-Sutton、Kristin Dudley、Andrew Fegley、David Fiorito、Crystal Kubitsky、Kevin Labick、Ron Lankin、Tom Loder、Jonathan Lupo、Casey Malcolm、Bruce McMahon、Rob Philibert。感谢你们十多年来对我的关爱。

感谢为本书出版做出贡献的所有人。感谢Emil Ovemar、Linnette Attai、Sabina Idler、Catalina Naranjo-Bock的评论和建议，你们是最好的采访对象。谢谢Jason Cranford Teague、Stephen Anderson、Allison Druin的推荐和褒奖。感谢Brenda Laurel为本书作序！

感谢我的编辑Marta Justak。感谢你的包容，你让我明白了写作是一件凌乱的、不完美的非线性工作。

谢谢Lou Rosenfeld。谢谢你给了我写作的机会。你是一位伟大的领袖，你带给了我无尽的启发。

最后，感谢Josh和Samantha带给我的美妙、精彩绝伦的生活。如果没有你们，我完全没有勇气将这条路走到尽头。

作者简介

**Debra Levin Gelman**是一位作家，同时也是儿童交互媒体领域的研究员、设计师和分析师。她曾参与美国公共电视网儿童栏目（PBS Kids）、Scholastic出版社、NBC环球（NBC Universal）、小绿芽（Sprout）、绘儿乐（Crayola）、康卡斯特（Comcast）的项目，为对方开发儿童应用程序，创办儿童网站。她领导和设计了橙色星球（Planet Orange）。这是一个专门为小学生提供金融知识的网站，曾获《今日美国》教育板块的"最佳选择"奖。

Debra目前在EPAM系统公司的数字战略与体验设计团队担任用户体验主管一职。她经常在各种会议中担任演讲嘉宾和研讨会主持人，包括WebVision、IA Summit、IxDA、UX Lisbon、UXPA等，同时她还给《A List Apart》和《UX Magazine》这样的设计杂志供稿。

Debra的故乡在宾夕法尼亚的费城。她先在美国大学（American University）的视觉媒体与心理学专业获得了学士学位，然后在佐治亚理工学院（The Georgia Institute of Technology）获得了信息设计与技术专业硕士学位。2000年，Debra和丈夫Josh回到费城工作和生活。他们有一个可爱的女儿Samantha，她长大后想成为古生物学领域的"女王"。